AF553723

जीवाश्मों की कहानी

जीवाश्मों की कहानी

डॉ. अजीत कुमार पाल

अनुवाद

डॉ. रणजीत कुमार कर

राजकमल प्रकाशन

ISBN : 978-81-267-2139-9

मूल्य : ₹495

पहला संस्करण : 2012
This book is printed on **Print on Demand** Technology : 2025

प्रकाशक : राजकमल प्रकाशन प्रा.लि.
1-बी, नेताजी सुभाष मार्ग, दरियागंज
नई दिल्ली-110 002

शाखाएँ : अशोक राजपथ, साइंस कॉलेज के सामने, पटना-800 006
पहली मंजिल, दरबारी बिल्डिंग, महात्मा गांधी मार्ग, प्रयागराज-211 001
1, अनमोल सोराबजी संतुक लेन, धोबी तलाव, मरीन लाइंस, मुम्बई-400 002
वेबसाइट : www.rajkamalprakashan.com
ई-मेल : info@rajkamalprakashan.com

JIVASHMON KI KAHANI
Dr. Ajit Kumar Pal
Translated by Dr. Ranjit Kumar Kar

माननीय डॉ. अंशु कुमार सिन्हा जी को
(बीरबल साहनी पुरावनस्पति संस्थान, लखनऊ)

दो शब्द

भू-विज्ञान भले ही पत्थरों के अभ्यास से सम्बन्ध रखता हो, यह उतना कठिन, शुष्क और रुचिहीन नहीं लगेगा अगर आप इसमें रस लेकर आगे बढ़ें। भू-विज्ञान में 'पुराजीवशास्त्र' नाम की ऐसी विशेष शाखा है जिसमें पुरातन काल के जीवों का तथा उनके विकास का अभ्यास किया जाता है। किसी विषय को पाठक को समझने या वाचनीय बनाने की कुछ पद्धतियाँ होती हैं। यह पुस्तक लिखते समय मैंने भू-विज्ञान की अन्य शाखाओं को ध्यान में रखा है, जिसमें जीवाश्मों के बनने की विधियाँ तथा जीवाश्म किन पत्थरों में पाए जाते हैं, इत्यादि के विषय में विस्तार से बताया गया है।

अन्य लेखकों की तरह मैंने भी जीवाश्मों की कहानी को कई प्रकरणों में प्रस्तुत किया है। मेरा यह प्रयास रहा है कि पुस्तक को रोचक और समझने योग्य बनाएँ। इसलिए मैंने भारत सरकार द्वारा प्रकाशित बृहत् पारिभाषिक शब्द-संग्रह-विज्ञान : खंड 1 व 2 का उपयोग भी किया है। विज्ञान के अन्य विषयों की तरह आरम्भ में सम्पूर्णतः भू-वैज्ञानिक शब्दों को हिन्दी पारिभाषिक शब्दों में परिवर्तित करने में कठिनाइयाँ आईं। ऐसी ही अन्य भारतीय भाषाओं में प्रकाशित पुस्तकों में प्रयोग में लाई गई शब्दावली को इस पुस्तक के निर्माण में उपयोग में लाया है। पारिभाषिक शब्दों को जहाँ पर अधिक योग्य नहीं पाया वहाँ मैंने स्वयं ही कुछ शब्द बनाने की स्वतन्त्रता ली है। मैंने स्वामी विवेकानन्द के "व्यवहार की भाषा के दो शब्द के प्रयोग से जो प्रभाव होगा वह पुस्तकों की भाषा के दो हजार शब्द के प्रयोग से निश्चित ही अधिक होगा।" इस कथन को भी ध्यान में रखा है।

कुछ लोग मुझे पूछेंगे कि क्यों कहानी को संक्षिप्त रूप में लिखा है। मुझे उनको यह कहना है कि मेरी ऐसी समझ है कि हम

पाठकों के सामान्य अभ्यास की सीमा के अन्दर प्रवेश कर रहे हैं और भू-विज्ञान एवं जीवाश्मों की जटिलता से पाठक कहीं ऊब न जाए। मुझे बहुत ही स्पष्ट रूप से कह देना होगा कि यह पुस्तक विशेषज्ञों के बजाय सामान्य पाठकों के लिए है। विशेषज्ञों को अगर यह पुस्तक वाचनीय लगती है तो यह मेरे लिए बहुत प्रसन्नता की बात होगी।

इस संकलन का मूल रूप में होने का कोई दावा हम नहीं करते हैं। शोध पत्रिका के अलावा यह किसी भी लोकप्रिय विज्ञान के लेख के लिए शक्य भी नहीं है। वर्तमान और पूर्व वैज्ञानिक तथा विज्ञान के लेखकों की जो ज्ञान सम्पदा है उसी में से मैंने कुछ फूलों को चुनकर एक माला बनाई और सुज्ञ पाठकों के लिए पेश किया है। उनका सन्तोष ही मेरा लक्ष्य है। इस पुस्तक को लिखने के लिए मुख्य प्रेरणास्रोत हमारे स्वर्गीय प्रोफेसर अमिय कुमार घोष और प्रोफेसर करुण चन्द्र मित्रा रहे हैं। डॉ. शामलकान्ति चक्रवर्ती, निदेशक भारतीय संग्रहालय ने हमें अनेक स्तर पर प्रोत्साहित किया। प्रोफेसर परिमल कुमार सरकार, श्री मधुसूदन भौमिक और श्री पटाकी रामचन्द्र ने अनेक सुझाव देकर मदद की। डॉ. के.एम. वांजखाडकर, श्री विष्णु राजक, गोवर्धन राजक और डॉ. आर.एम. पांडे ने पांडुलिपि में कुछ परिवर्तन के सुझाव दिए। मेरे पुत्र डॉ. शुभ्र पाल ने पुस्तक के प्रकरणों का क्रम एवं ढाँचे की योजना में योगदान दिया।

हम राजकमल प्रकाशन प्राइवेट लिमिटेड के श्री अशोक महेश्वरी, जिन्होंने पांडुलिपि को सम्पादित किया और प्रकाशन के अधिकारी जिन्होंने पुस्तक को प्रकाशित किया के बहुत आभारी हैं। पुस्तक को कुछ चित्रों द्वारा सुसज्जित किया है ये हमें कुछ सम्माननीय व्यक्तियों तथा संस्थानों द्वारा मिले हैं, हम उनके ऋणी हैं। यहाँ विशेष रूप से हमें धन्यवाद देना है भारतीय भू-वैज्ञानिक सर्वेक्षण तथा बीरबल साहनी पुरावनस्पतिशास्त्र संस्थान और भारतीय सांख्यिकी संस्थान को जिनकी ओर से हमें मदद मिली।

ऋण निर्देश

डॉ. पी.सी. मंडल, महानिदेशक, भारतीय भू-वैज्ञानिक सर्वेक्षण; श्री ओमप्रकाश, उपमहानिदेशक, पूर्व विभाग, भारतीय भू-वैज्ञानिक सर्वेक्षण; डॉ. एस.के. आचार्य, महानिदेशक (अवकाशप्राप्त), भारतीय भू-वैज्ञानिक सर्वेक्षण; डॉ. ए.के. सिन्हा, निदेशक और डॉ. आर.के. कर तथा डॉ. अम्बानी वैज्ञानिक, बीरबल साहनी पुरावनस्पतिशास्त्र संस्थान; श्री पी.आर. चन्द्रा, डॉ. एस. मेहरा, डॉ. वी.के. मिश्रा, श्री बी.के. सिद्धान्ता, डॉ. पी.के. राहा, डॉ. अरुण सोनाकिया, श्री ए.के. माथुर और सी. भट्टाचार्य, भारतीय भू-वैज्ञानिक सर्वेक्षण; प्रोफेसर ए.के. साहा, प्रोफेसर एस. एल. राय, प्रोफेसर ए.आर. बसु, प्रेसीडेंसी कॉलेज, कोलकाता; प्रोफेसर एस.एन. सरकार, इंडियन इंस्टीट्यूट ऑफ टेक्नोलॉजी, खरगपुर; अमेरिकन एसोसिएशन फॉर द 'एडवांसमेंट ऑफ साइंस; प्रोफेसर डब्ल्यू. जी. चॅलोनर एफ.आर.एस., बर्कबेक कॉलेज लन्दन; भूविज्ञान विभाग, भारतीय सांख्यिकी संस्थान; आनन्द बाझार पत्रिका, आनन्द पब्लिशर्स प्राइवेट लिमिटेड, कोलकाता, श्री दिब्यंशू दासगुप्ता और कालीकिंकर चक्रवर्ती।

पूर्वकथन

ऐसे ही मैं खिड़की से झाँक रहा था। और कुछ विशिष्ट प्रकार के पेड़-पौधे देखकर आश्चर्यचकित हो गया क्योंकि ये पौधे, जो मेरे घर के पिछवाड़े में उग आए थे, मैं नहीं जानता कि ये कहाँ से आए। मैंने देखा कि कुछ मध्यम आकार के पौधे जिनके पत्ते लम्बे मिश्रजोड़ के थे और उसकी पत्तियाँ एक दूसरे के विरुद्ध लगी हुई थीं। उन पत्तियों पर बहुत ही बारीक समान्तर शिराएँ थीं। ये तो 'टिलोफाइलम' जैसी लग रही थीं। उस पौधे का तना विषमकोणी समभुज चौकोण जैसे पत्तों की जड़ों की मुद्राओं से ढका हुआ था। पौधे के तने से बहुत ही सुन्दर सूरजमुखी के फूलों की तरह कुछ फूल खिल आए थे। मैं ये जो तना देख रहा था वो 'बकलँडिया' और फूल 'विल्यमसोनिया' की तरह लग रहे थे जैसा कि मैंने पुरावनस्पतिशास्त्र की किताबों में पढ़ा था। कुछ ही दूरी पर छोटे-छोटे ऐसे भी पौधे निकल आए थे, जिनका तना बहुत ही चिकना तथा पार्श्व भाग से लम्बे पत्ते निकल आए थे। पत्तों को मध्यशीर थी जहाँ से दुय्यम पत्ते काटकोन (समकोण=90^0) करते हुए बढ़ रहे थे। उस पौधे ने टेनिस के गेंद के आकार के फूलों को भी जन्म दिया था। ओ ऽऽ! याद आया, ऐसा ही वर्णन सीवर्ड की किताब 'फॉसील प्लांट्स में भी दिया है। और मुझे निश्चित रूप से विश्वास हो गया कि वो पौधा 'विल्यमसोनियेला' का ही था। वहाँ पर छोटे-छोटे और भी पौधे थे जिनका तना सिकुड़कर एक बड़ा-सा गोलाकार बन गया था जिसके पत्ते 'टॅनिओप्टेरीस' या 'निलसोनीया' जैसे दिखाई दे रहे थे। ये तो साईकेड्स थे जो 6 से 8 करोड़ साल पहले धरती पर हुआ करते

थे। वहाँ पास ही ऊँचे-ऊँचे पेड़ भी थे जिनकी चोटी पर पतले-पतले पत्ते एवं टहनियाँ थीं। वो 'अराउकॅरीओक्साइलॉन' जैसे दिखाई दे रहे थे। थोड़ा-सा आगे दक्षिण की ओर मैंने देखा कि बहुत ज्यादा दलदल सी जमीन थी और उसके आगे पहाड़ियाँ दिख रही थीं। इसी दौरान मैं उन पेड़ों को देखना नहीं भूला जिनके घने पत्ते पंखे के आकार के थे और पत्ते मानो दो बार या बार-बार काट दिए गए हों। मैं इन 'गिंको' जैसे दिखने वाले पेड़ों को देखकर भौचक्का-सा रह गया, जो अभी सिर्फ चीन में मिलते हैं। और अब इनका संरक्षण करने हेतु इनको विश्व की कई जगह पर लगाया जा रहा है। वास्तव में वो तो 'जीवित जीवाश्म' ही है। मैं यह तय नहीं कर पाया कि कैसे ये जीवाश्म पौधे यहाँ इर्द-गिर्द बढ़ रहे थे।

दलदल की जमीन के पास ही बन्दर के आकार के पक्षी जैसे कुछ प्राणी भी खड़े थे। उनकी गर्दन लम्बी थी और पिछले पैरों एवं भारी पूँछ के आधार से खड़े थे। आगे के पैर छोटे थे एवं हर एक पर तीन पंजे भी थे। ऐसा लग रहा था जैसे वो फुटबॉल के आकार के अंडों को संरक्षण दे रहा हो। उसकी आँखें लगभग बन्द थीं मानो ममता से भरी हुई थीं।

अहा ऽऽ! ये प्राणी तो पक्षी की चोंचवाले 'मैयासोरस् छिपकली-डायनासोर' है। जैसे मुझे याद है कि मैंने इनके विषय में पुराप्राणिशास्त्र की किताबों में पढ़ा था। मेसोझोईक कालखंड में ये प्राणी रहते थे जो अपने बच्चों की बहुत ही देखभाल करते थे। इसलिए इनका नाम 'मैयासोरस्' रखा गया था। 'मैयासोरस्–अच्छी माता छिपकली' (Good-Mother Lizard)।

मैंने अपनी कुर्सी खिड़की के और समीप खींची और देखा तो मुझे कुछ अलग-अलग समुदाय के प्राणी मिले। वो बड़ी छिपकली के आकार के थे और लगभग मुर्गे की तरह लग रहे थे। जो अपने पिछले पैर और मोटी पूँछ के आधार से खड़े थे। उसकी गर्दन लम्बी और मुँह किंचित् लम्बा पक्षियों के मुँह जैसा था। आगे के छोटे-छोटे पैरों से तीन पंजे निकल आए थे। वे मेसोझोईक कालखंड के ज्ञात डायनासोरस् में सबसे छोटे

'काम्पसोग्नैथस' जैसे लग रहे थे। मैं आश्चर्य करता रह गया कि ये सारे प्राणी मेरे पड़ोस में कहाँ से आए। मेरी स्थिति ऐसी हुई कि मैं उनके विषय में कब तक सोचता रहा, इसका पता ही नहीं चला। और अचानक मैंने पाया कुछ प्राणी जरा से अधिक बड़े आकार के और चंचल थे। वो मैयासोरस् के साथ लड़ रहे थे। अरे ये क्या! मैयासोरस के अंडों को हड़प लिया और पलक झपकते ही अंडों को खाना शुरू किया। ऐसा महसूस हो रहा था उसके दाँतों के बजाय सींगदार चोंच थी जो शायद बल के साथ मांस को अलग करने में सहायता करती हो। उसका सर पक्षी की तरह और उस पर चोटी थी। उसकी पूँछ मोटी मांसपेशियों से बलिष्ठ थी। उसके लम्बे मजबूत पैरों से इस 'अंडे चोर' को बड़ी गति का लाभ हुआ था। जबकि तीन पंजे वाले पैरों को अंडे चुराकर पकड़े रहने की आदत पड़ गई थी, जो वे दूसरे डायनासोरस् के घोंसलों से चुराता था। इस तीन पंजे वाले पैरों के प्राणी को सुरक्षा कवच सिर्फ उसकी अधिक तेज गति ही रह गया था। तो ये 'अंडे चोर' या 'ओव्हीरॅप्टर्स' थे।

एक अन्य विशाल प्राणी जिसका शरीर कवचों से ढका हुआ था, उसे देखकर मैं बड़ा खुश हुआ। उसकी पीठ पर हड्डियों की ढाल की कतार लगी हुई थी। और चार बड़े-बड़े सींग उसकी पूँछ के आखिरी हिस्से में थे। वह लगभग 30 फीट लम्बा और करीब 5 टन वजन का तो होगा ही। वह विल्यमसोनिया पौधों के पत्तों को ऐसे खा रहा था जैसे पेटू हो। उसकी चाल-ढाल धीमी थी। और उसकी बारीक लम्बी गर्दन को दोनों बाजू ऐसे खींच रहा था कि उसको ऊँची टहनियों के पत्ते आसानी से मिल जाएँ। उसकी आँखें बहुत ही छोटी और शांत लग रही थीं। बच्चे ज्यादातर बौने साईकेडिऑईड्स' के पत्ते खाने में लुफ्त उठा रहे थे। बच्चे बहुत ही धीमी गति से घूम रहे थे। लोग कहते हैं हड्डियों की ढाल की कतार, जो उनकी पीठ पर लगी हुई थी, वह शत्रु से बचने के लिए थी और उसका उपयोग शरीर के तापमान को विकरित करने (बाहर फेंकने) तथा तापमान को शरीर में सोख लेने के लिए बनी हुई थी। चार सींग, जो उसकी पूँछ पर लगे हुए थे,

मानो उसको शस्त्र मिल गए थे, जो उसे सुरक्षा के लिए घुमा सकता था, वह एक तृणभक्षी था जो दलदल की जमीन के समीप के पेड़-पौधों को खाता था। अहा! यह तो 'स्टेगोसोर' है कवचों वाली बड़ी छिपकली!

कुछ क्षणों बाद एक बहुत बड़े प्राणी के जोर से चीत्कार करने की आवाज से चौंक गया। ये करीब 46 फीट लम्बा, 18 फीट ऊँचा और लगभग 10 टन वजन का निश्चित रूप से लग रहा था। उसका सर 4 फीट लम्बे शक्तिशाली जबड़े से बना था, जबड़े में करौंत जैसे कटे हुए मजबूत दाँत भी थे। जबड़ा काफी फैलता था। पक्षी जैसे पिछले दो पैर बहुत बड़े और शक्तिशाली पंजे के साथ थे। उसकी तुलना में आगे के पैर छोटे और कम शक्ति वाले थे जिनका उपयोग शायद शरीर को जमीन से उठाने के लिए होता हो। ये जरूर 'टीरॅनोसोरस होंगे या 'अत्याचारी छिपकलियों के राजा' निस्संदेह बहुत ही भयानक। ओ ऽऽऽ! उसने स्टेगोसोरस के बच्चे पर धावा बोल दिया और उसकी गर्दन को पकड़कर उठा लिया। स्टेगोसोरस की माता ने अपनी पूँछ पर लगे हुए सींगों से टीरॅनोसोरस पर हमला किया, लेकिन टीरॅनोसोर ने उसे अपने सर के बल दूर हटा दिया, इतने में ही स्टेगोसोरस अपने बच्चों को लेकर भाग निकलने में कामयाब हो गया। और इधर टीरॅनोसोर अपने शिकार के मांस को बल से अलग करते हुए चबाने लगा। अब मैं निसर्ग के भक्षा-भक्षक के रिश्तों को समझ पा रहा था।

मैं खिड़की के और नजदीक जाकर बड़ी-बड़ी आँखें करते हुए इस दृश्य को निहारता रहा। मैं कुछ भी समझ नहीं पाया कि मेरी उपस्थिति का टारॅनोसोरस को कब पता चला। वह खिड़की की तरफ दौड़ा। उसके सर के जोर से झटके से खिड़की की काँच मानो अदृश्य हो गई। लम्बे गर्दन को खिड़की के अन्दर ढकेलते हुए अब मुझे पकड़कर उठाने ही वाला था कि मैं घबराते हुए अत्यन्त भयानक स्वर में चिल्लाया...

ओह! मैं अपने बिस्तर में जाग उठा। किसी के लिए यह तो निश्चित ही अप्रिय सपना था। हाँ! अब याद आया कल रात

सोते समय मायकेल क्रिकटन की 'जुरासिक पार्क' किताब पढ़ रहा था।

उसकी कहानी इस प्रकार है–एक सुनसान जंगल द्वीप पर जनुकीयविद्रों ने डायनासोर खेल-पार्क का निर्माण किया था। डायनासोर के डी.एन.ए. को फिर से पाकर डायनासोर के निर्माण की एक बहुत ही आश्चर्यकारक तकनीक की खोज इस कहानी में है। सम्भवतः मानव की यह सबसे अद्‌भुत कहानी है। कहानी में क्रिटेशिअस मच्छरों के पेट से डी.एन.ए. को फिर से पाया है जिन्होंने अपने अन्तिम भोजन में डायनासोर का खून चूस लिया था एवं उसके तुरन्त बाद वे पेड़ों से निकली हुई गोंद में जखड़ गए थे। हाल ही में बीगहॅम यंग विश्वविद्यालय के स्कॉट वुडवर्ड ने दावा किया था कि उन्होंने अपने साथियों के साथ क्रिटेशिअस डायनासोर के हड्डियों से डी.एन.ए. पाया था। लगता है यह बात हमें जुरासिक पार्क के विज्ञानवादी दृष्टिकोण की तरफ मोड़ रही है। एक आधुनिक तकनीक विकसित हुआ है जिसे पॉलीमरेज़ चैन रिएक्शन (PCR) कहते हैं। जिससे अब जीवशास्त्री तथा जनुकीयविदों को (genetic engineers) बहुत ही सूक्ष्म डी.एन.ए. के कणों को आवश्यक मात्रा में विस्तारित करते हुए डी.एन.ए. के न्यूक्लिक एसिड के स्वभाव का अभ्यास करना सम्भव हुआ है। ऐसी तकनीक का उपयोग करते हुए विलुप्त डायनोसार के डी.एन.ए. (DNA) को पाकर जीवित अंडों में छोड़कर क्या हम मेसोझोईक कालखंड के डायनासोर के क्लोनिंग कर पाएँगे?

लेकिन कहानी के वैज्ञानिकों ने यह दावा किया है कि उन्होंने ऐसा कर दिखाया है। कुछ भी हो, मेसोझोईक डी.एन.ए. का उपयोग करते हुए विलुप्त डायनोसार का क्लोनिंग करने में हम भले ही काफी दूर हों, लेकिन इससे जनुकीय विज्ञान को नई दिशा मिल गई है। भ्रूण विज्ञान और उसका अध्ययन करने वाले आधुनिक विदों को धन्यवाद! परन्तु, पक्षी के भ्रूण की वृद्धि को नियन्त्रित करना, बहुत ही जटिल विधि है, जो आज के विज्ञान का अनसुलझा अविकसित विषय है। सम्भवतः पक्षियों का पुराना

जनुकीय इतिहास अपूर्ण रह गया है और जुरासिक पार्क की तरफ बढ़ने वाला विज्ञानवादी दृष्टिकोण अभी भी असीम दूर लगता है।

यह सब जटिलता जानने के लिए, सामान्यतः हमें जीवाश्मों की तरफ देखना चाहिए—वे क्या हैं? वे कैसे बने? और पृथ्वी पर जीवन के आरम्भ के बाद वर्षों बीतते वे कैसे विकसित हुए?...

पुस्तक के विषय में

जीवाश्मों की तुलना यदि पृथ्वी की आत्मकथा रूपी पुस्तक के पृष्ठों से की जाए तो पृथ्वी के विभिन्न भूभागों में इन्हें धारण करने वाले शैल, वस्तुतः बीते हुए कल के अभिलेखागार कहे जाएँगे।

'फासिल' शब्द की उत्पत्ति लैटिन भाषा के शब्द 'फासिलिस' से हुई है, जिसमें इसका अर्थ होता है, 'पृथ्वी के गर्भ से निकली हुई वस्तु'। इस प्रकार रोमन साम्राज्य के काल से लेकर अठारहवीं शताब्दी तक भूगर्भ से प्राप्त प्रत्येक वस्तुओं को 'फासिल' की संज्ञा दी जाती रही। इसके पश्चात् वैज्ञानिकों ने इस शब्द की सीमाओं को संकुचित करते हुए जो परिभाषा दी, उसका अभिप्राय है–"भू-वैज्ञानिक अतीत में पाए जाने वाले जीवों के हस्ताक्षर"। यद्यपि इनमें प्राणियों अथवा वनस्पतियों के अवशेष, उनके प्राकृतिक समदृश्य, अथवा उनकी जैविक गतिविधियाँ भी शामिल हैं। अतः जहाँ एक ओर जीवाश्मों (फासिल) से हमें चर-अचर प्राणियों और वनस्पतियों की उत्पत्ति, विनाश तथा उनके आकृतिक उद्भव की जानकारी मिलती है वहीं दूसरी तरफ वे कालान्तर में महाद्वीपों एवं महासागरों की भौगोलिक स्थिति, ध्रुवों के घूर्णन और भूपर्पटी के भौतिक विकास का रहस्य भी उजागर करते हैं।

जीवाश्मों के विषय में मानव की जिज्ञासा अत्यन्त प्राचीन है। पृथ्वी की आदि-सृष्टि से लेकर आज तक निरन्तर चलने वाली विकास-प्रक्रिया की उलझी हुई शृंखलाओं को सुलझाने में जीवाश्मों की महत्त्वपूर्ण भूमिका रही है। यही कारण है कि 'डायनासोर' की जीवाश्मीकृत अस्थियों से चिपकी हुई रक्त की एक बूँद में

‘एमिनो-एसिड’ की उपस्थिति ने मनुष्य की कल्पनाशक्ति को नए आयाम दिए हैं। मौलिक दृष्टि से इस पुस्तक में जीवन की उत्पत्ति से लेकर जीवाश्मीकरण की प्रक्रिया से जुड़े हर प्रश्न का समाधान प्रस्तुत करने का प्रयास किया गया है। जीवाश्म विज्ञान से संबंधित नवीनतम शोध-कार्यों के मुख्य अंश को संक्षेप में प्रस्तुत किया गया है, जो सम्भवतः राष्ट्रभाषा हिंदी में अपनी तरह का प्रथम प्रयास है। महत्त्वपूर्ण तथ्यों से साक्षात्कार कराने हेतु अनेक रंगीन एवं श्वेत-श्याम छायाचित्रों को शामिल किया गया है, जो इस पुस्तक को और भी रोचक तथा ज्ञानवर्धक बनाते हैं।

अनुक्रम

दो शब्द 7
ऋण निर्देश 9
पूर्वकथन 11
पुस्तक के विषय में 17

आरम्भ में **23**

हमारी पृथ्वी
पृथ्वी की प्राचीनतम चट्टान
पृथ्वी पर जीवों का उद्‌भव
विश्व के प्राचीनतम जीव
पृथ्वी की समय-सारणी एवं जीवाश्मों का कालानुक्रम

जीवाश्मों के बारे में **47**

जीवाश्मों के प्रति प्राचीन दृष्टिकोण
जीवाश्मों के प्रति प्रचलित विश्वास
जीवाश्म सम्बन्धी विभिन्न मत
किसे जीवाश्म कहेंगे?
जीवाश्म कैसे बनते हैं?
जीवाश्मों की खोज तथा संग्रह
औजार तथा आवश्यक सामग्री
जीवाश्मों की पहचान
जीवाश्मों से जीव-देह का पुनर्गठन
जीवाश्म संग्रह के विख्यात अभियान
कुछ विचित्र जीवाश्म
मूल्यवान जीवाश्म
कला एवं वाणिज्य में जीवाश्मों की भूमिका

हिट डायनोसोर्स
भूविज्ञान एवं जीवविज्ञान में जीवाश्मों का योगदान
जीव विलुप्ति का इतिहास
जीवों की सृष्टि, उद्‌भव एवं विकास

जीव परिक्रमा 76

हमारे पूर्वज
आदिकालीन पृथ्वी के आदि उद्‌भिद
उद्‌भिदों में नए परिवर्तन
अविनाशी अक्षयचित्र
अपृष्ठवंशी प्राणी
पृष्ठांगी प्राणियों का आगमन
भयानक एवं शक्तिशाली प्राणी
वे पक्षी कहाँ गए?
डार्विन का 'अपना सिद्धान्त'

अन्त में 113

सारांश–

परिभाषा 119

जीवाश्मों की कहानी

आरम्भ में

हमारी पृथ्वी

पृथ्वी हमारी जननी एवं धात्री है। पृथ्वी में जानने-समझने के लिए साधनों की कोई कमी नहीं। इसके हर शिलाखंड तथा हर धूलिकणों में इसका इतिहास छिपा हुआ है। चट्टानों के हर स्तरों में प्रायः जीवाश्म मिलते हैं और यह जीवाश्म पृथ्वी की आत्मकथा रूपी पुस्तक के एक-एक पृष्ठों का काम करते हैं। जिस तरह से इतिहास में शिलालेखों का महत्त्व होता है उसी तरह से जीवाश्म पृथ्वी के इतिहास की जानकारी हेतु अत्यन्त महत्त्वपूर्ण भूमिका निभाते हैं। जीवाश्मों से युक्त पाषाण पृथ्वी के इतिहास की जानकारी हेतु एक महत्त्वपूर्ण संग्रह है।

जीवाश्मों के कालानुक्रम के आधार पर हम चट्टानों की आयु की जानकारी प्राप्त कर सकते हैं। शैल-स्तर परस्पर एक दूसरे के ऊपर स्थित होते हैं। इस तरह रेडियोधर्मी तत्वों से भी इसकी आयु की जानकारी प्राप्त की जा सकती है। अतः जीवाश्मों की आयु भी इसी प्रकार से जानी जा सकती है।

हर एक जीवाश्म किसी न किसी प्राणी का अंग विशेष या फिर चलने-फिरने की निशानी होता है। पृथ्वी में आदिम-प्राण का प्रमाण तथा शिलाखंडों में उपस्थित जीवाश्मों के कालानुक्रम से ही इन प्राणियों की प्राचीनता की जानकारी प्राप्त की जाती है। कौन-कौन से जीव विलुप्त हो गए तथा किसके बाद किस प्राणी का प्रादुर्भाव हुआ, यह सारी जानकारी व्यवस्थित रूप से जीवाश्मों के अध्ययन से प्राप्त होती है। मनुष्य ही जीव-जगत रचना का सबसे आधुनिक प्रमाण है। हमारे आदि पूर्वजों और उनकी उत्पत्ति सम्बन्धी जानकारी भी जीवाश्मों द्वारा प्राप्त की जा सकती है।

हिमालय तथा आल्पस पर्वत शृंखलाओं में समुद्री जीवों के जीवाश्म प्रचुर मात्रा में प्राप्त होते हैं। इसी प्रकार बर्फ से ढके हुए उत्तरी ध्रुव में ऐसे पादप-जीवाश्म मिले हैं, जो पहले केवल उष्णकटिबंधीय क्षेत्रों के उद्भिद् होते

थे। दक्षिणी ध्रुव में ग्लोसोप्टेरिस और अन्यान क्रांतिय अंचलों के जीवाश्म मिलते हैं। ये जीवाश्म महाद्वीपों एवं समुद्रों की प्राचीन स्थितियों का ज्ञान करवाते हैं। इसके अतिरिक्त ध्रुवों का कैसे स्थान-परिवर्तन हुआ, इसका भी ज्ञान जीवाश्मों से ही मिलता है।

जीव-सृष्टि काल से लेकर अब तक लाखों प्रकार के जीवों की उत्पत्ति तथा विनाश हो चुका है। विनाश के बाद नए प्राणियों का उद्‌भव एवं परिवर्तन क्रमशः होते रहते हैं। यही पुराजीव विद्या की विषयवस्तु है। जीवों की उत्पत्ति एवं विनाश के साथ-साथ वातावरण में भी परिवर्तन होते रहे हैं। बदलते हुए वातावरण के साथ-साथ प्राणी उसके साथ सामंजस्य करते रहते हैं। इसी प्रयास के फलस्वरूप अनेक नई प्रजातियों के उद्‌भव हुए हैं। प्राकृतिक परिवर्तनों के साथ कुछ जीवों का विनाश हो जाता है, किन्तु कतिपय जीव प्रकृति से अपना सामंजस्य बनाए हुए अपने अस्तित्व को कुछ परिवर्तनों के साथ सुरक्षित रखने में सफल होते हैं। इसी को 'चार्ल्स-डार्विन' ने प्राकृतिक चयन कहा है।

प्राकृतिक आपदा से वातावरण में परिवर्तन भी होता है। परन्तु आज मानव अपने स्वार्थों के चलते वातावरण के सन्तुलन को बिगाड़ रहा है। वनों का विनाश, नदियों में बाँध बनाकर उसकी गति में परिवर्तन, कल-कारखानों के धुँओं एवं जहरीली गैसों से जलवायु में प्रदूषण, पारमाणविक विस्फोट से शैल-स्तरों में भूस्खलन और हर एक प्रकार के प्रदूषण के कारण वातावरण दिन-प्रतिदिन जहरीला होता जा रहा है।

जीवाश्मों के बारे में जानने से पहले पृथ्वी की उत्पत्ति एवं आदि अवस्थाओं पर विचार करना आवश्यक है। जीवाश्म इन्हीं परिवर्तनों का एक परिणाम है।

प्रारम्भ में ब्रह्मांड एक अति सघन पिंड की तरह तथा आधुनिक सौर-जगत् के आकार जैसा था। इसके अन्दर अत्यधिक ताप एवं दाब उपस्थित था। यह एक आलोकमय देदीप्यमान पिंड था।

भीतरी दबाव के फलस्वरूप यह पिंड प्रचंड विस्फोट के साथ विखंडित हो गया। इसी विस्फोट के फलस्वरूप वर्तमान ब्रह्मांड की सृष्टि हुई। यही वैज्ञानिकों का अभिमत है। सन् 1963 में ज्योतिष वैज्ञानिकों ने आकाश में सुदूर से आती हुई एक महाजागतिक अलौकिक विकिरण देखी। यह आलोक, आदि विस्फोट या 'बिग-बँग' के फलस्वरूप उत्पन्न समझा जाता है।

इस विशाल एवं व्यापक विस्फोट के अवशेष अब भी अन्तरिक्ष में इधर-उधर फैले हुए हैं। यह घटना आज से लगभग 1500 से 2000 करोड़ वर्ष पहले घटित हुई थी। अनेक अन्य विद्वानों का मानना है कि यह घटना लगभग 1200 करोड़ वर्ष पूर्व घटित हुई थी।

विस्फोट के फलस्वरूप महाकाश (अन्तरिक्ष) में वस्तु कण और धूल कणों के असंख्य आवर्तों की सृष्टि हुई थी। यह आवर्त धीरे-धीरे छायापथ बन गए। यह छायापथ (Milky Way) क्रमशः एक घंटे में एक लाख मील की गति से दूर होते जा रहे हैं।

इस आवर्त समूह में विभिन्न पदार्थ थे। आवर्तों के केन्द्र में पदार्थ-पिंड एवं धूल कण एकत्र हो-होकर घनीभूत (संघनित) होना प्रारम्भ हो गए और लगभग 99 प्रतिशत पदार्थ संघनित होकर एक नक्षत्र के रूप में संगठित हो गया। सूर्य इसी का एक उदाहरण है। इसी प्रकार छोटे-छोटे पिंड संघनित हुए, जिसके फलस्वरूप ग्रहों तथा उपग्रहों की सृष्टि हुई, जैसे—पृथ्वी एवं उसका उपग्रह चन्द्रमा।

अब कुछ बातें पृथ्वी के बारे में। वस्तु कणों के आवर्त के फलस्वरूप 'पृथ्वी' का गुरुत्व बल जब वर्तमान से एक हजार गुना कम था, तब पृथ्वी के आकर्षण से बाहर की वस्तुएँ उस पर आकर टकराने लगीं और इस आघात की तीव्रता से मूल तत्त्व चूर्ण-चूर्ण हो गए तथा कुछ-कुछ वाष्पीकृत होने लगे। जो पदार्थ वाष्पीकृत होने से बचे रहे वे अत्यधिक ताप के प्रभाव से तरल लावा में बदलकर एक आवरण बना लिये। इसके फलस्वरूप प्रचंड ताप की सृष्टि हुई।

इस उच्च ताप ने पृथ्वी की समस्त वस्तुओं को पिघला दिया जिसके फलस्वरूप एक परिचालन स्रोत की सृष्टि हुई (आकृति : A)। इसी कारण से पृथ्वी केन्द्र से ऊपर तक कई स्तरों में विभाजित हो गई। लोहा, निकिल आदि भारी पदार्थ केन्द्र में चले गए, इसके ऊपर लोहा, मैग्नीशियम, सिलिकॉन आदि ने मिलकर एक आवरण की सृष्टि की तथा सबसे ऊपर सिलिकॉन, अल्यूमिनियम तथा मैग्नीशियम से मिलकर तीसरे स्तर का निर्माण हुआ। यही तीसरा स्तर धीरे-धीरे शीतल और कठोर होता गया जिससे 400 से 200 करोड़ वर्ष पूर्व हमारे भूतल (crust) की संरचना हुई।

आदिकाल में पृथ्वी बहुत ही अशान्त थी। ज्वालामुखियों का प्रचंड वेग धारण किए हुए पृथ्वी बहुत ही सक्रिय थी। पृथ्वी के भीतर से गैस, राख एवं

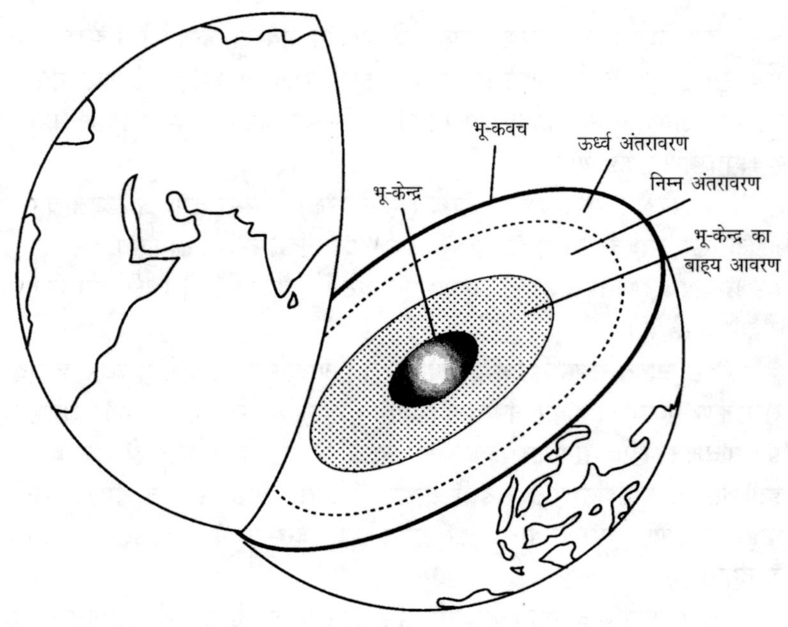

आकृति A : पृथ्वी का अंतरंग

लावा प्रचंड वेग से निकलते थे। सम्पूर्ण वातावरण इन्हीं आवरण तथा इन्हीं सब पदार्थों से ढका हुआ था। कार्बनमोनोऑक्साइड (Vo), हाइड्रोजन सल्फाइड (HS), नाइट्रोजन (N), हाइड्रोजन (H), क्रोमियम (Cr), मैग्नीज (Mn) और सोडियम (Na) आदि वाष्पीकृत अवस्था में विराजमान थे।

जलीय वाष्प से आकाश में बादल की सृष्टि के साथ ही अतिवृष्टि आरम्भ हो गई। यह वृष्टि जल प्रथमावस्था में तप्त धरती पर गिरते ही पुनः वाष्प बन जाता था। इस बार-बार की प्रक्रिया से पृथ्वी की ऊपरी सतह कुछ शीतल हुई और वर्षा जल का वाष्पीकरण धीरे-धीरे रुकता गया जिससे धरातल पर जल प्रवाहित होने लगा। वर्षा जल धीरे-धीरे निचली परतों में जमता गया जिससे महासागरों की उत्पत्ति हुई। इस तरह महासागरों ने पृथ्वी भूखंड को चारों तरफ से घेर लिया।

पृथ्वी के चारों तरफ इस तरह की वायुमंडलीय परिस्थितियाँ लगभग 100 करोड़ वर्षों तक रहीं। उसके बाद सूर्य से उत्पन्न प्रचंड आकर्षण से वायुमंडल पृथ्वी से बाहर पलायन कर गया। वर्तमान समय में पृथ्वी के वायुमंडल में जो

ऑर्गन, हाइड्रोजन, नाइट्रोजन और कार्बन डाईऑक्साइड अधिक मात्रा में मिलते हैं, वे बाद में निर्मित हुए हैं। पृथ्वी जब धीरे-धीरे शीतल व कठोर होने लगी तब यही सब पदार्थ आकाश में समावेशित होने लगे।

आदिकालीन वायुमंडल में मुक्त ऑक्सीजन नहीं था। सामुद्रिक शैवालों और नील-हरित बैक्ट्रीरियाओं ने प्रकाश संश्लेषण (Photosynthesis) और किण्वन (Fermentaion) की प्रक्रिया ने धीरे-धीरे वायुमंडल में ऑक्सीजन की वृद्धि की। वर्तमान में ऑक्सीजन की जो समृद्धि है वह 60 करोड़ वर्ष पूर्व हुई।

पृथ्वी की प्राचीनतम चट्टान

धरातल पर जिस चट्टान की सर्वप्रथम सृष्टि हुई, आग्नेय चट्टानें थीं। इस आदिम चट्टान के अवशेष वर्तमान में विशेष नहीं हैं। पश्चिमी ऑस्ट्रेलिया के 'माउंट नेरियर' से जो सबसे प्राचीन आग्नेय शिला प्राप्त हुई, उसकी आयु 420 करोड़ वर्ष मानी जाती है। यह चट्टान रूपान्तरित स्तरीय (Sedimentary) शिला है। इस शिला का आदिरूप अभी तक नहीं मिल पाया है।

कनाडा में प्राप्त 'अकास्था नाइस' शिला की आयु 395 से 410 करोड़ वर्ष पूर्व की है। पश्चिमी ग्रीनलैंड से 388 वर्ष पुरानी चट्टानें मिली हैं। चीन में 'हेवाई' प्रदेश में 350 करोड़ वर्षों पूर्व के 'जर्कन-माणिक' मिले हैं। ऑस्ट्रेलिया में विभिन्न स्थानों से 400 करोड़ वर्ष पूर्व की चट्टानें भी प्राप्त हुई हैं।

भारत में सर्वाधिक प्राचीन चट्टानें उड़ीसा प्रान्त के वियोनझर जिले से 'चाम्पुआ' अंचल से प्राप्त हुई हैं। इस शिला का नाम है–'टोनालाइट नाइस' (चित्र 1)। सामारियम-निओबियम पद्धति के अनुसार इसकी आयु 378 से 380 करोड़ वर्षों के बीच है। टोनालाइट का निर्माण परिवर्तित ऐम्फिबोलाइट स्तरों को भेद कर हुई है–इसीलिए यह ऐम्फिबोलाइट स्तर और भी प्राचीन होंगे। इसकी आयु निर्धारण का कार्य अभी चल रहा है।

भूतल सृष्टि के शुरू (आदि) से ही उसके भ्रंश या वलय उच्चावच, भूस्खलन, ज्वालामुखी के उत्क्षेपण इत्यादि प्रक्रियाएँ चलती चली आ रही हैं। ये जल और वायु के संग मिलकर शैल-स्तरों का निरन्तर क्षरण करते रहे हैं। शिलाओं का यह क्षरित पदार्थ ही वायु एवं जल के साथ गतिशील होकर झीलों अथवा समुद्र गर्भ में स्तरों के रूप में जमकर धीरे-धीरे तलछटीय शिला (Sedimentary Rock) बनाते हैं। भूतल (Crust) के निरन्तर उथल-पुथल से

चित्र 1 : चाम्पुआ से प्राप्त 380 करोड़ साल पुराना टोनालाइट नाइस पत्थर।

जब कभी ये शिलाएँ ऊपर आ जाती हैं, तो पहाड़ों तथा पठारों का निर्माण होता है और पुनः क्षरित होकर यही पहाड़, पठार नए स्तरों को जन्म देते हैं। इसके अतिरिक्त ज्वालामुखी से उद्भूत लावा इत्यादि पदार्थ आग्नेय शिला का निर्माण करते हैं (चित्र 1)। इसी तरह चट्टानों में उथल-पुथल के कारण ऊपर या नीचे जाने पर रूपान्तरण होता रहता है और तलछटीय चट्टानें रूपान्तरित चट्टानों में बदल जाती हैं। वर्तमान पृथ्वी इन्हीं चलमान प्रक्रियाओं द्वारा निर्मित हुई है।

पृथ्वी पर जीवों का उद्भव

पृथ्वी पर जीवन का प्रारम्भ कब हुआ? कैसे हुआ? बहुतों की धारणा है कि पृथ्वी पर जीवन का संचार अन्य ग्रहों से हुआ। इसका तात्पर्य यह है कि महाविश्व से धूल कणों के साथ-साथ पृथ्वी पर प्राण (जीवन) का आगमन हुआ। किसी-किसी का मानना है कि उल्काओं के माध्यम से पृथ्वी पर जीवन आया है अथवा किसी अन्य ग्रहों से उन्नत प्राणी रॉकेट द्वारा पृथ्वी पर आए और उनके माध्यम से पृथ्वी पर जीवन का उद्भव हुआ।

जीवों में जितने प्रधान अवयव या घटक हैं उनमें जल, कार्बोहाइड्रेड, वसा

इत्यादि पदार्थों के साथ-साथ एडिनोसिस फॉस्फेट, प्रोटीन्स और न्यूक्लिक अम्ल होते हैं। इसमें जल सबसे अधिक मात्रा में पाया जाता है। जल की सहायता से विभिन्न पदार्थ द्रवीभूत रहते हैं और वह एक कोशिका से दूसरी कोशिकाओं में शक्ति संचार में सहायक होते हैं। इसी तरह कार्बोहाइड्रेड और वसा पदार्थ जीवों में शक्ति का संचार करते हैं। लेकिन न्यूक्लिक अम्ल ही प्राण का मूल घटक है। यह अपने प्रतिरूप के गठन में समर्थ तथा विखंडित होने की क्षमता भी रखते हैं। यह अधिकांश प्रोटीन के बने होते हैं। सुदीर्घ प्रोटीन अणु अमीनो अम्ल के द्वारा शृंखलाएँ बनाते हैं। लगभग 20 प्रकार के विभिन्न एवं विचित्र संयोग से प्रोटीन बनता है। अधिकांश न्यूक्लिक अम्ल केन्द्रक के अन्दर रहता है और प्रोटीन निर्माण को नियन्त्रित करता है। जीवों में वंशानुगत गुणों का निर्धारण भी उसका मुख्य कार्य है। न्यूक्लिक अम्ल और प्रोटीन कार्बन से बनते हैं। कार्बन के परमाणु एक-दूसरे से संयुक्त होकर लम्बी शृंखला बना सकते हैं। जीव-काया का यही मूल प्राण है।

अनेक वैज्ञानिक महाकाश में जैविक पदार्थ की उपस्थिति निर्धारण के लिए पिछले तीन दशक से निरीक्षण कर रहे हैं। वैज्ञानिकों ने विभिन्न यंत्रों द्वारा बहुत से जैव रासायनिक तत्त्व दृष्टिगोचर किए हैं। इसके अतिरिक्त विभिन्न उल्कापिंडों से भी प्यूरीन, अमीनो अम्ल प्राप्त हुए हैं। इसीलिए बाहरी विश्व से पृथ्वी में प्राण-बीज के संचार की धारणा धीरे-धीरे जोर पकड़ रही है। फ्रेड हायल एवं भीमसिंह ने 1977 में एक और सम्भावना के बारे में अवधारणा व्यक्त की है। उनके अनुसार महाकाश में धूल कणों में रासायनिक प्रक्रिया के फलस्वरूप प्राण-बीज जीवाणु और वायरस के रूप में उत्पन्न हुए हैं। ये जीवाणु धूमकेतु के सहारे पृथ्वी पर आए। इन दोनों विद्वानों का मानना है कि प्राण-बीज का उद्भव पृथ्वी के बाहर हुआ है और बाद में उसके द्वारा पृथ्वी पर जीवन का संचार हुआ है।

परन्तु अधिकांश वैज्ञानिक इस मत के पक्ष में नहीं हैं। उनके अनुसार महाकाश में पराबैंगनी किरणों के बाहुल्य के कारण कोई भी जीव जीवित नहीं रह सकता है। यहाँ तक कि जीव के घटक (उपादान या constituents) भी ऐसे वातावरण में पनप नहीं सकते। इसके अतिरिक्त चन्द्रमा से जो शिलाएँ लाई गई हैं उसमें भी जीवन के कोई प्रमाण नहीं मिल सके हैं। मंगल ग्रह पर भेजे गए रॉकेट भी इस सन्दर्भ में कोई सुनिश्चित संकेत नहीं भेज पाए हैं। इस तरह सुदूर ग्रहों में प्राण की सम्भावना और भी क्षीण हैं।

वर्तमान में बहुत सारे वैज्ञानिकों का मत यही है कि जीवों की उत्पत्ति तथा

उनमें परिवर्तन इसी पृथ्वी पर ही हुए हैं। इस मतानुसार आदि पृथ्वी के वायुमंडल में हाइड्रोजन, नाइट्रोन, मिथेन, अमोनिया एवं जलीय वाष्प प्रचुर मात्रा में विद्यमान थे। विद्युत के माध्यम एवं इन्हीं गैसों के मिश्रण से न्यूक्लिक अमल के मूल घटकों का निर्माण हुआ। यही यौगिक (घटक) शृंखला जैसे बनाकर बड़े-बड़े अणुओं के रूप में संगठित हुए। वातावरण में ऑक्सीजन न होने के कारण यह घटक (उपादान) अविकृत रहे और सागर में संघनीकृत हुए। क्रमशः जैव प्रक्रिया में प्रस्तुत इस जैव घटक से आदि एक-कोशिकीय जीव का जन्म हुआ। यह घटना पृथ्वी के जन्म के बाद 100 करोड़ वर्षों के भीतर ही घटी अर्थात लगभग 3.5 करोड़ वर्षों पहले पृथ्वी पर जीवन का प्रादुर्भाव हुआ। अंग्रेज वैज्ञानिक जे. वी. एस. हैल्डेन और सोवियत वैज्ञानिक रसायनशास्त्री ए. आई. ओपेरिन इस मत में विश्वास रखते हैं।

जीव जिस वातावरण में पैदा हुए वैज्ञानिकों ने प्रयोगशाला में उसी वातावरण को निर्मित करने का प्रयास किया है। गोल तली वाले जार में पृथ्वी का आदिम वायुमंडल निर्मित किया गया। इसके अन्दर मिथेन, अमोनिया, हाइड्रोजन और जलीय वाष्प को प्रयुक्त किया गया। आदि वायुमंडल में विद्युतीय जैसे प्रभाव को इलेक्ट्रोड के माध्यम से पैदा किया गया और इसी में अमीनो एसिड सहित और अनेक यौगिक पदार्थ पाए गए। यह प्रयोग हेराल्ड यूरे और उनके छात्र स्टैनले मिलर ने स्टेनफोर्ड विश्वविद्यालय में 1953 में किया। (आकृति 1)।

पृथ्वी के आदि महासागरों में यह प्रक्रिया लगभग 3.5 करोड़ वर्षों पहले व्यापक पैमाने पर घटित हुई थी। आकाशीय विद्युत तरंगों ने प्रयोगशाला में प्रयुक्त त्वरित स्फुरण की भूमिका निभाई। लाखों वर्षों से ये अणु सागरजल में एकत्रित होते रहे। जब ये एक निश्चित मात्रा में संघनीकृत हुए तब इनके मध्य रासायनिक प्रक्रिया प्रारम्भ हुई। ऐसे ही किसी प्रक्रिया में डी. एन. ए. (डीऑक्सी राइबोस न्यूक्लिक एसिड) गठित हुए होंगे और प्रथम जीव की उत्पत्ति कुछ इसी प्रकार हुई होगी। कुछ लोगों के अनुसार आर. एन. ए. (राइबोस न्यूक्लिक एसिड) की उत्पत्ति पहले हुई। पृथ्वी पर प्रथम जीव सम्भवतः बैक्टीरिया ही थे। इसी सूक्ष्म आकार वाले बैक्टीरिया से ही जीवों की विचित्र और विभिन्न प्रकार की प्रजातियों का विस्तार बाद में हुआ और हमारी पृथ्वी पर भाँति-भाँति के प्राणियों का उद्भव हुआ।

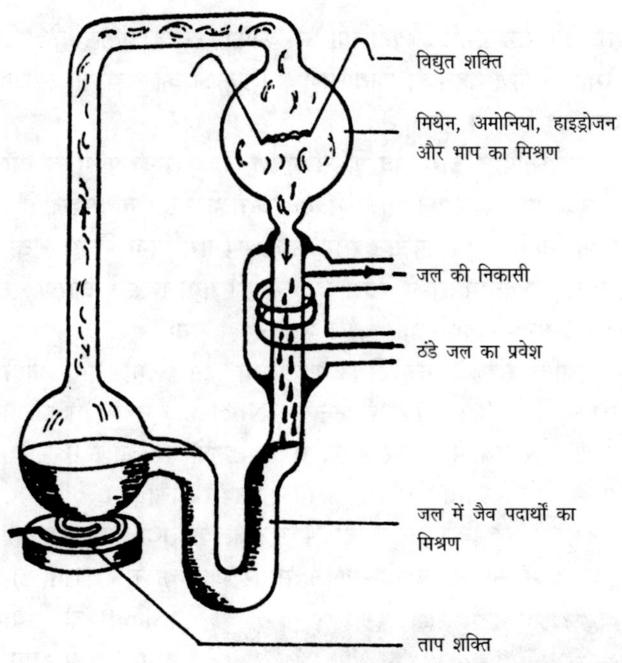

आकृति-1 : प्राणसृजन का शोधकार्य

विश्व के प्राचीनतम जीव

पृथ्वी पर जिस प्रथम बैक्टीरिया का उद्‌भव हुआ, वह परभोजी (Heterotrophic) था। लाखों सालों से सागर में जो जैविक पदार्थ संचित हुए थे—वही उसका भोजन था। किन्तु इसकी वंशवृद्धि के साथ-साथ सागर में संचित भोजन कम पड़ने लगा। अतः कुछ बैक्टीरिया अपना भोजन स्वयं बनाने लगे। इनकी देह में जीवाणु क्लोरोफिल (Bactero-chlorophyll) उपस्थित था। इसी क्लोरोफिल की उपस्थिति से ये प्रकाश, कार्बन डाईऑक्साइड एवं हाइड्रोजन को साथ मिलाकर सरल शर्करा युक्त भोजन बनाने लगे। ज्वालामुखी के विस्फोट से हाइड्रोजन प्राप्त होता था। इस प्रकार से प्रथम स्वयंभोजी और स्वपोषी (Autorophic Nutrition) जीवों का उद्‌भव हुआ।

बैक्टीरिया परिवर्तन के दूसरे चरण में सायनो तथा नीले-हरे बैक्टीरिया जो प्रकाश-संश्लेषण के समय हाइड्रोजन को विभाजित करके ऑक्सीजन को मुक्त

करते थे। यह आदि बैक्टीरिया से काफी उन्नत प्रकार के जीव थे। इनके क्लोरोफिल कण बहुत ही क्रियाशील थे। प्रकाश की सहायता से यह शर्करा युक्त भोजन का निर्माण करते थे।

क्लोरोफिल द्वारा प्रकाश संश्लेषण के फलस्वरूप मुक्त ऑक्सीजन गैस, जल एवं वायु में काफी मात्रा में एकत्रित हो गई। वायुमंडल में ओजोन (O_3) गैस भी निर्मित हुई। ओजोन स्तर के कारण पराबैंगनी किरणें तथा अन्य किरणों का पृथ्वी के वायुमंडल में प्रवेश अवरुद्ध हो गया जिसके कारण पृथ्वी पर उन्नत जीवों के पनपने योग्य वातावरण उत्पन्न हो गया।

अति सरल नील-हरित बैक्टीरिया आज भी पाए जाते हैं। इनकी कोशिकाओं में (Cells) कोई केन्द्रक (Nucleus) नहीं होते हैं और क्लोरोफिल के कण पूरे कोष में बिखरे हुए होते हैं। इनके हर कोश में भोजन का निर्माण होता है। इनमें प्रजनन कोशों के विभाजन से होता है।

पृथ्वी पर विभिन्न स्थानों में गुप्तजोइक तथा क्रिप्टोजोइक महाकल्प के शैल-स्तरों में सायनो बैक्टीरिया ने सागर जल के चूने (Lime) और बालुका (Sand) के संयोग से उल्टी-गागर जैसी एक प्रकार की शिलाकृति का निर्माण किया है जिसे स्ट्रोमेटोलाइट (Stromatolite) कहते हैं। इसके थिन-सेक्सन को माइक्रोस्कोप से देखने पर एक कोशिका फीता जैसे नील-हरित बैक्टीरिया दिखाई पड़ते हैं (चित्र 2)। छत्तीसगढ़ के बस्तर जिले की बैलाडिला–लोहे की खदानों से 300 करोड़ वर्ष पुराने बैक्टीरिया मिले हैं (चित्र 3)। पृथ्वी में सर्वाधिक प्राचीन स्ट्रोमेटोलाइट पश्चिम ऑस्ट्रेलिया के उत्तरी ध्रुव से और अफ्रीका में जिम्बाब्वे से प्राप्त हुआ है। इसकी आयु

चित्र-2 : आस्ट्रेलिया से प्राप्त सबसे पुरना स्ट्रोमेटोलाइट।

प्रायः 350 करोड़ वर्ष है। भारत में सिंहभूम अंचल से 280 करोड़ वर्ष पुराना स्ट्रोमेटोलाइट हाल ही में मिला है (चित्र 4)।

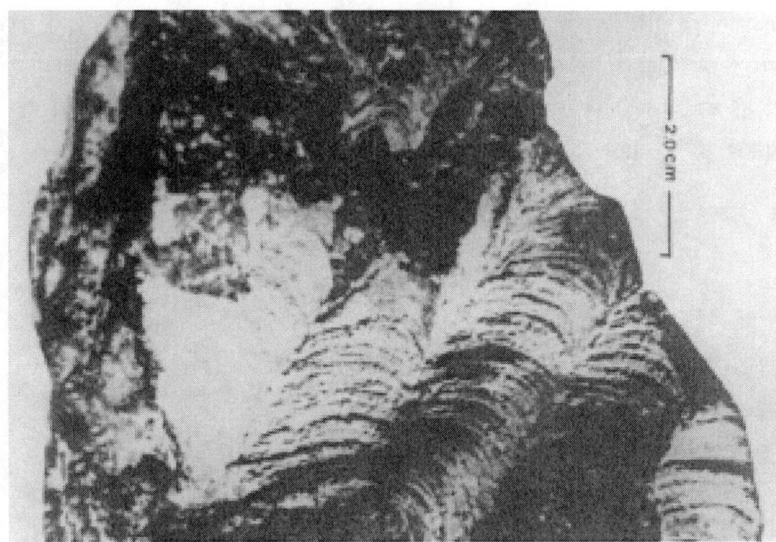

चित्र-3 : स्ट्रोमेटोलाइट।

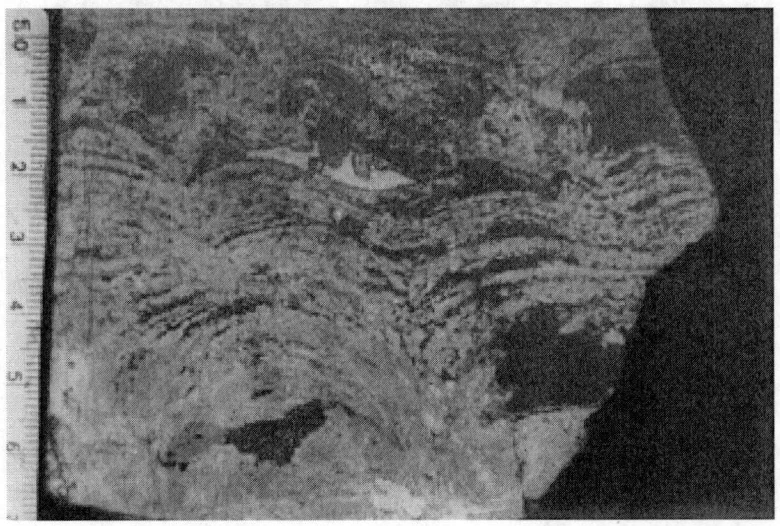

चित्र-4 : बिहार में आयरन ओर (Iron ore) शिलासंघ में प्राप्त स्ट्रोमेटोलाइट।

पश्चिमी ऑस्ट्रेलिया के 'सार्कबे' अंचल में अभी भी स्ट्रोमेटोलाइट बनते हैं (चित्र 5)। फीते जैसी आकृति के नील-हरित बैक्टीरिया, चूना और महीन मिट्टी की सहायता से विभिन्न शैल-स्तरों में इसका निर्माण करते हैं। वहाँ पर यह समुद्र में तट पर भूमि तल में प्रविष्ट होकर मूल सागर से अलग हो जाते हैं। वहाँ पर समुद्र का जल बहुत अधिक लवणयुक्त है। ज्वार के समय यह स्ट्रोमेटोलाइट पानी के अन्दर चले जाते हैं एवं भाटा के समय तट पर दिखाई पड़ते हैं। इस प्रकार के स्ट्रोमेटोलाइट 'वाट्टामर' समुद्र तट पर भी पाए जाते हैं।

चित्र-5 : बहामा में शार्क बे में आधुनिक स्ट्रोमेटोलाइट।

बहुत से वैज्ञानिकों का सोचना है कि सीपी प्रजाति के उद्‌भव के साथ-साथ स्ट्रोमेटोलाइट का निर्माण प्रायः बन्द हो गया क्योंकि नील-हरित बैक्टीरिया सीपियों का बहुत ही प्रिय भोजन है।

जीव सृष्टि के बाद बहुत समय तक केवल एककोशीय जीवों का ही अस्तित्व रहा था। इनमें कोई केन्द्रक नहीं होता है। यह 'पूर्वकेन्द्रीय' कोशिकाएँ या 'Prokaryotic' के नाम से जाने जाते हैं। केन्द्रकयुक्त जीवों को 'सुकेन्द्रकीय' या 'Eukaryotic' कहलाते हैं और केवल 140 करोड़ वर्षों पहले इनका उद्‌भव हुआ है। इस प्रकार परिवर्तन के पथ में यह एक उल्लेखनीय कदम है।

आदि जीवों के वर्गीकरण को लेकर वैज्ञानिकों में पर्याप्त मतभेद है। जीव जगत् को मूलतः पाँच भागों में बाँटा गया है। प्रोटिस्टा (आदि न्यूक्लीयस युक्त एककोशीय), प्रोटकूटिस्य (वास्तविक केन्द्रक युक्त एककोशीय), कवक, उद्भिज्ज एवं प्राणी। आदिम सृष्टि के एककोशीय जीवों का यह वर्गीकरण बहुत उपयोगी नहीं है। जैसे–नील-हरित बैक्टीरिया में क्लोरोफिल मिलते हैं तथा यह जीव उद्भिज्जों जैसा ही भोजन बनाते हैं। एककोशिकीय शैवाल प्राणियों जैसा ही गतिमान होता है। यह एक-दूसरे को खाकर हजम कर जाते हैं। इसके अतिरिक्त अपना भोजन ये स्वयं ही बना लेते हैं। जबकि प्राणीगण भोजन हेतु हमेशा ही उद्भिज्ज एवं अन्य दूसरे प्राणियों पर निर्भर हैं।

पृथ्वी की समय-सारणी एवं जीवाश्मों का कालानुक्रम

किसी भी घटना की व्यवस्थित जानकारी के लिए समय का एक मापदंड आवश्यक होता है। हमारे दैनिक जीवनक्रम में समय का अत्यधिक महत्त्व है। ऐतिहासिक एवं पुरातात्त्विक गणना हेतु कई सौ साल पर्याप्त होते हैं परन्तु भू-वैज्ञानिक घटनाओं की विवेचना हेतु करोड़ों वर्षों की आवश्यकता होती है क्योंकि पृथ्वी का जन्म ही लगभग 460 करोड़ वर्षों पहले हुआ माना जाता है। इस तरह जो भी घटनाक्रम इस पृथ्वी की सतह अथवा भूगर्भ से घटित हुए हैं, उनकी विवेचना हेतु करोड़ों-लाखों वर्षों की जरूरत होती है। इसके लिए पृथ्वी की सृष्टि से लेकर वर्तमान काल तक के समय को कई भागों में विभक्त किया गया है।

सर्वप्रथम भूविज्ञान के घटनाक्रमों का आपेक्षिक विभाजन किया गया, जैसे–गुप्तजीवी महाकल्प और व्यक्तजीवी महाकल्प। समय परिवर्तन के साथ-साथ पृथ्वी में बहुत सारे जीवों का उद्भव और विनाश होता रहा है। जीवों की बाहुल्यता (विशेषकर स्थल भाग में) लगभग 60 करोड़ वर्ष पहले के जीवाश्मों से जानी जा सकती है। तब से लेकर अब तक के समय विस्तार को व्यक्तजीवी (Phenerazoic) कल्प कहते हैं। इस विभाजन रेखा के लगभग 400 करोड़ वर्षों पहले तक के काल को गुप्तजीवी (Cryptozoic) कल्प कहते हैं।

गुप्तजीवी महाकल्प में जीवों के उद्भव और विकास का एक दीर्घ इतिहास धीरे-धीरे रचित हुआ है। किन्तु उस महाकल्प के जीव प्रायः अत्यन्त सूक्ष्म हैं तथा केवल सूक्ष्मदर्शी यन्त्रों से ही इनका अध्ययन सम्भव है। इस कल्प

में अपेक्षाकृत जो कुछ बड़े जीवाश्म मिले हैं, उनकी वास्तविकता में कुछ सन्देह है (चित्र 6, 7, 8)। इसीलिए व्यक्तजीवी कल्प (60 करोड़ वर्ष पूर्व) के जीवाश्मों का अध्ययन ही निर्विवाद सम्भव होता है।

व्यक्तजीवी महाकल्प को परिवर्तन की धारा के चलते कई भागों में बाँटा गया है। इटालियन वैज्ञानिक म्युथाली-आरदुइना ने 1760 में व्यक्तजीवी महाकल्प को तीन भागों में विभक्त किया जिसे प्राथमिक (Primary), माध्यमिक (Secondary) एवं तृतीयक या आधुनिक (Tertiary) कल्प नाम दिया। बाद में इसमें सर्वाधुनिक या चतुर्थ (Quaternary) कल्प को भी जोड़ा गया।

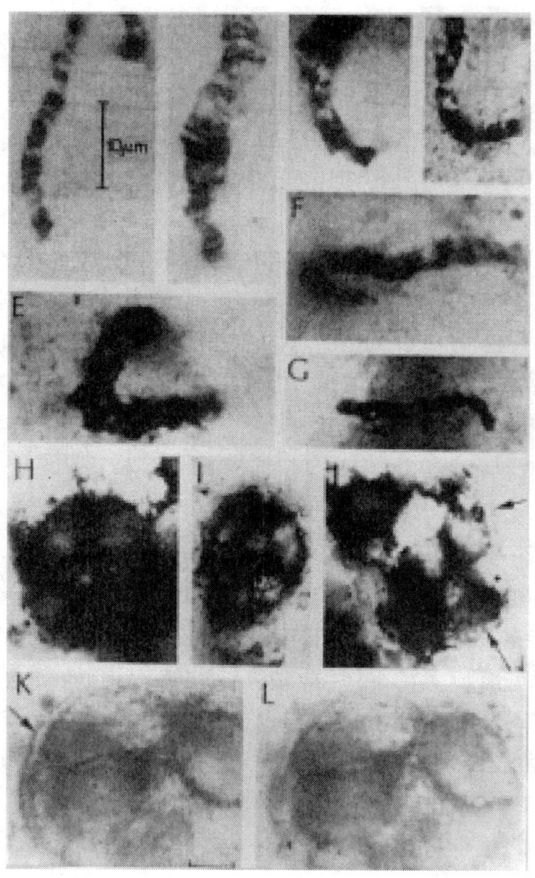

चित्र-6 : आर्कियान कल्प में प्राप्त अणु-जीवाश्म।

चित्र-7

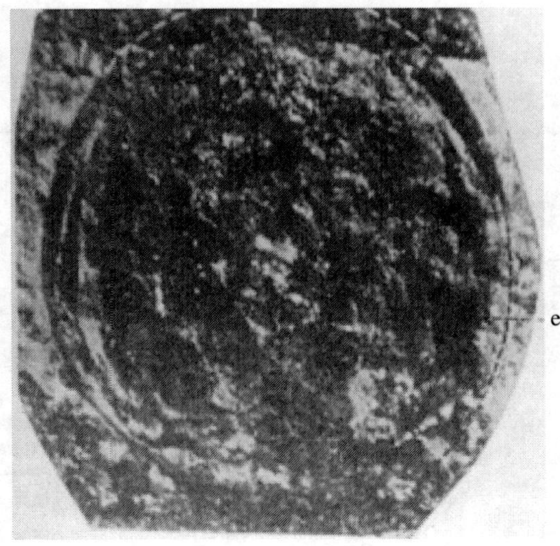

चित्र-8

आजकल भू-वैज्ञानिक प्राथमिक या माध्यमिक काल शब्द का प्रयोग नहीं करते हैं। इस समय प्राथमिक काल को पेलिओजोइक और माध्यमिक काल को मेसोजोइक नाम से जाना जाता है। टर्शिअरी एवं क्वाटरनरी को जोड़कर केनोझोइक या अधुनातनजीवी कल्प के नाम से जाना गया है। इसी तरह गुप्तजीवी महाकल्प या क्रिप्टोजोइक को प्रिकेम्ब्रियन एवं आर्कियन या आर्कियोजोइक कल्प में विभाजित किया गया है। कोई-कोई इसे प्रोटेरोझोइक (Proterozoic) के नाम से विभाजित करते हैं।

सर्वाधुनिक भू-वैज्ञानिक समय-सारणी में दो विशाल महाकल्प या इओन (EON) हैं। ये महाकल्प पुनः विभिन्न कल्पों (Eras) में विभक्त हैं। कल्पों को महायुगों (Periods) में बाँटा गया है। महायुग ही भू-वैज्ञानिक-समय का आदि समय-विभाग है। कुल 12 महायुग निर्धारित किए गए हैं–जिसमें 7 पैलिओजोइकमें, 3 मेसोजोइक तथा 2 केनोजोइक में हैं–जिसका विवरण इस प्रकार है :

कैम्ब्रियन (Cambrian) : प्रख्यात अंग्रेज भू-वैज्ञानिक ऐडेमसेज्विक ने 1835 में इस शब्द का सर्वप्रथम प्रयोग किया था। ब्रिटेन में वैयल्स प्रदेश का

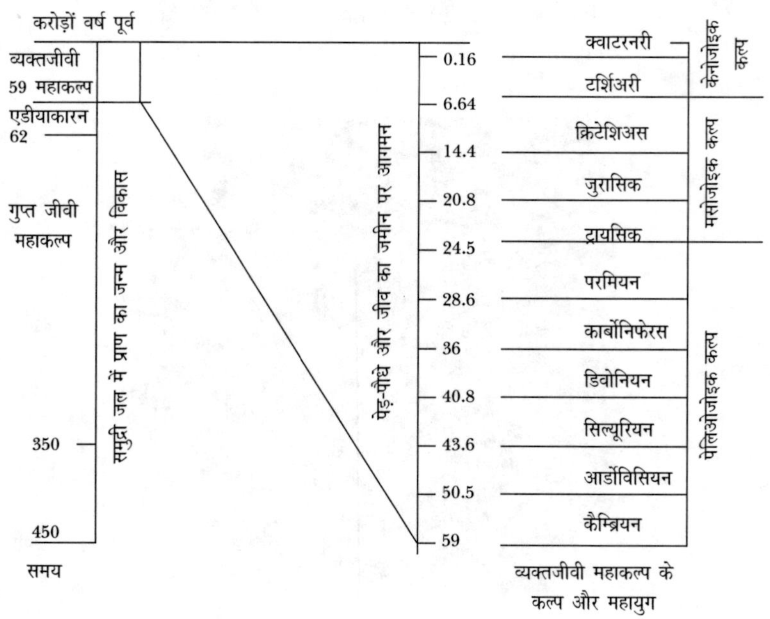

तालिका-1–भूविज्ञान की समय सारणी

प्राचीन नाम कैम्ब्रिया था। उसी प्रदेश के एक शैल-स्तर का नाम कैम्ब्रिया रखा गया। यह कैम्ब्रियन शिला-स्तर लगभग 400 मीटर मोटा है। इसमें बहुत से कठोर आवरण युक्त समुद्री प्राणी के जीवाश्म हैं। इसी शैल-स्तर से मिलते-जुलते दूसरे स्थानों के शैल-स्तरों की पहचान भी कैम्ब्रियन स्तरों के रूप में की गई। भारत में भी कश्मीर एवं स्पीति (Spiti) अंचल में कैम्ब्रियन महायुग की चट्टानें तथा जीवाश्म पाए जाते हैं।

आर्डोविशियन (Ordovician) : प्रसिद्ध अंग्रेज भू-वैज्ञानिक चार्ल्स लैथ्पवार्थ ने 1879 में ब्रिटेन के वैयल्स प्रदेश की आडोविश उपजाति के नाम के आधार पर 'आर्डोविशियन' महायुग के शिला-स्तर का नामकरण किया। इन स्तरों को 'सेज्विक' ने पहले अपर-कैम्ब्रियन नाम दिया था। मार्चिसन नामक भू-वैज्ञानिक ने इसे लोअर सिल्यूरियन कहा। भारत में स्पीति एवं कश्मीर घाटी में आर्डोविशियन महायुग की भी चट्टानें तथा जीवाश्म पाए जाते हैं।

सिल्यूरियन (Silurian) : मार्चिसन (1839) नामक भू-वैज्ञानिक ने ब्रिटेन के 'वैयल्स' प्रदेश के सीमान्त अंचल से प्राप्त कुछ शिला-स्तरों को 'सिल्यूरियन' महायुग के अन्तर्गत रखा। यह नाम भी वैयल्स की प्राचीन 'सिल्यूर' उपजाति से लिया गया है। भारत में अरुणाचल प्रदेश, कश्मीर तथा स्पीति में सिल्यूरियन शिला-स्तर तथा जीवाश्म पाए जाते हैं। सिल्यूरियन शिला-स्तर के अन्तिम चरणों में भूमि में उद्भिज्ज एवं कुछ कीट-पतंग मिलते हैं।

डिवोनियन (Devonian) : सेज्विक एवं मार्चिसन ने 1839 में 'डेवनसायर' अंचल के कुछ शिला-स्तरों को डिवोनियन महायुग के अन्तर्गत रखा। इस शिला-स्तर में बहुत से सामुद्रिक प्राणियों तथा मछलियों के जीवाश्म पाए गए हैं। इसके अलावा भूमि में उद्भिज्जों का विस्तार भी इसी महायुग में हुआ। (चित्र 9)। भारत में लाहुल, स्पीति, नस्कर एवं कश्मीर आदि अंचलों में डिवोनियन शिला-स्तर एवं जीवाश्म पाए जाते हैं।

कार्बोनिफेरस (Carboniferous) : प्रचुर मात्रा में कोयला अथवा कोयले जैसी चट्टानें प्राप्त होने के कारण इस महायुग को 'कार्बोनिफेरस' नाम दिया गया। उत्तरी अमेरिका में इसको दो भागों में विभक्त किया गया है। वहाँ लोअर कार्बोनिफेरस को मिसीसिपियन (Mississippian) तथा अपर कोर्बोनिफेरस को पेंसिलवैनियन (Pennsylvanian) युग कहा जाता है। भारत में कश्मीर, स्पीति, अरुणाचल तथा नेपाल में कार्बोनिफेरस शिला-स्तर के जीवाश्म पाए जाते हैं।

यूरोप एवं अमेरिका में इसी महायुग के शिला-स्तरों से प्रचुर मात्रा में कोयला मिलता है। कोयले की खदानों में 'रेकप्टेरिस' एवं 'लेपीडेडिन्ड्रोन' पादप जीवाश्म पाए जाते हैं (चित्र 10)। भारत में कोयला अधिकांशतः 'परमियन गोंडवाना' शिला-स्तरों में पाया जाता है।

चित्र-9 : डेवोनिअन महायुग की दृश्यभूमि।

चित्र-10 : कार्बोनिफेरस महायुग की वनभूमि।

परमियन (Permian) : प्रसिद्ध भूवेत्ता मार्चिसन ने 1891 में सोवियत रूस के पार्म प्रदेश से प्राप्त कुछ शिला-स्तरों का नाम 'परमियन' रखा। भारत में भी अरुणाचल प्रदेश, लाहुल-स्पीति एवं कश्मीर में परमियन युग के सामूहिक शिला-स्तर पाए गए हैं। किन्तु दूसरी जगहों पर भी नदियों तथा जलाशयों के गर्भ में संचित प्रचुर परमियन शिला-स्तर मिलते हैं। पादप-उद्‌भिज्जों की प्रचुरता के कारण इन अंचलों में कोयले की खदानें प्रचुरता में मिलती हैं। भारत में पाया जाने वाला कोयला इसी महायुग का है। इन्हीं शिला-स्तरों में ग्लोसपटेरिस आदि पादपों के जीवाश्म पाए जाते हैं (चित्र 11, 12)।

चित्र-11 : ग्लोसपटेरिस। **चित्र-12 : ग्लोसपटेरिस का पौधे का पुनर्गठन।**

ट्रायसिक (Triassic) : प्रसिद्ध जर्मन भूविज्ञानी अलवर्ती ने 1834 ई. में ट्रायसिक-महायुग का नामकरण किया। ट्रायसिक का अर्थ है–तीन स्तर। अतः तीन विभिन्न शिला-स्तरों का यह एक सामूहिक नाम है। यह शिला-स्तर सर्वप्रथम जर्मनी में पाए गए, किन्तु अमेरिका तथा कनाडा में ही सर्वाधिक पाए जाते हैं। भारत में पश्चिम बंगाल तथा मध्य प्रदेश में ट्रायसिक महायुग के पाषाण-स्तर पाए जाते हैं। कश्मीर, स्पीति, जन्सकर आदि अंचलों में समुद्री जीवों के जीवाश्म भी मिलते हैं।

जुरासिक (Jurassic) : जर्मन वैज्ञानिक अलेक्जेंडर हम्बोल्ट (1799) ने इस महायुग का नामकरण किया। यह नामकरण फ्रांस तथा स्विट्ज़रलैंड में प्राप्त जुरा पर्वतों के आधार पर किया गया। इस महायुग के पाषाणों की पहचान सर्वप्रथम ब्रिटेन में ही की गई किन्तु लगभग सभी महादेशों में इस महायुग की पाषाण-शिलाएँ प्राप्त होती हैं। भारत में कश्मीर, स्पीति, गुजरात के कच्छ क्षेत्र तथा राजस्थान के अनेक क्षेत्रों से इस महायुग के शिला-स्तर प्राप्त होते हैं। इसी महायुग में पृथ्वी के सर्वाधिक प्राचीन पक्षी का उद्‌भव हुआ था (चित्र 13)। यद्यपि डॉ. शंकर चट्टोपाध्याय ने अमेरिका के टेक्सॉस प्रदेश के परमियन शिला-स्तरों से भी प्राचीनतम पक्षी के जीवाश्म प्राप्त किए हैं। इन्होंने इसका नाम प्रोटोएबिस रखा है।

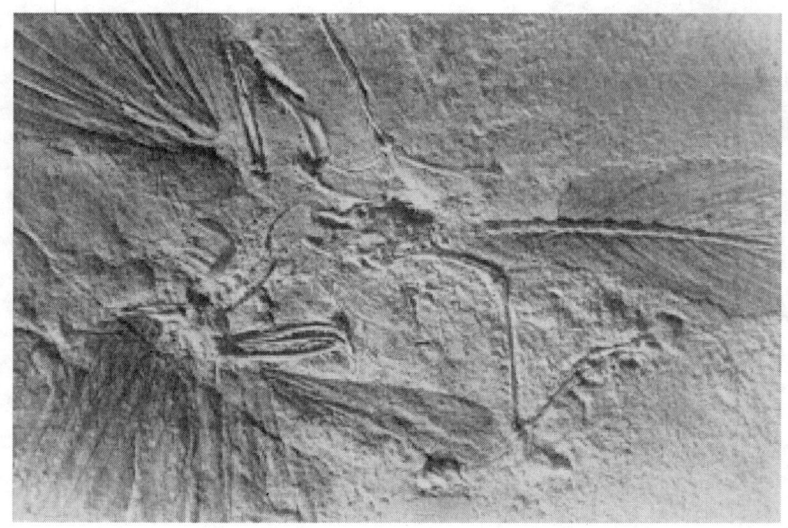

चित्र-13 : प्राचीन पक्षी का जीवाश्म, आर्किओप्टेरिक्स।

क्रिटेशियस (Cretaceous) : प्रसिद्ध फ्रांसीसी भू-वैज्ञानिक दहलाय ने क्रिटेशियस महायुग का नामकरण किया। लैटिन भाषा में 'क्रेटा' शब्द का अर्थ खड़िया (Chalk) होता है। इंग्लैड तथा फ्रांस में खड़िया जैसे शिला-स्तर प्रचुर मात्रा में मिलते हैं। हिमालय के लद्दाख क्षेत्र, तमिलनाडु में तिरुचिरापल्ली, पांडिचेरी, नर्मदा घाटी, सौराष्ट्र तथा आसाम में इस तरह के शिला-स्तर फैले हुए हैं। इन शिला-स्तरों में अनेक प्रकार के पादप तथा प्राणियों के जीवाश्म पाए जाते हैं। इन शिला-स्तरों से साँपों के जीवाश्म भी प्राप्त हुए हैं (चित्र 14)।

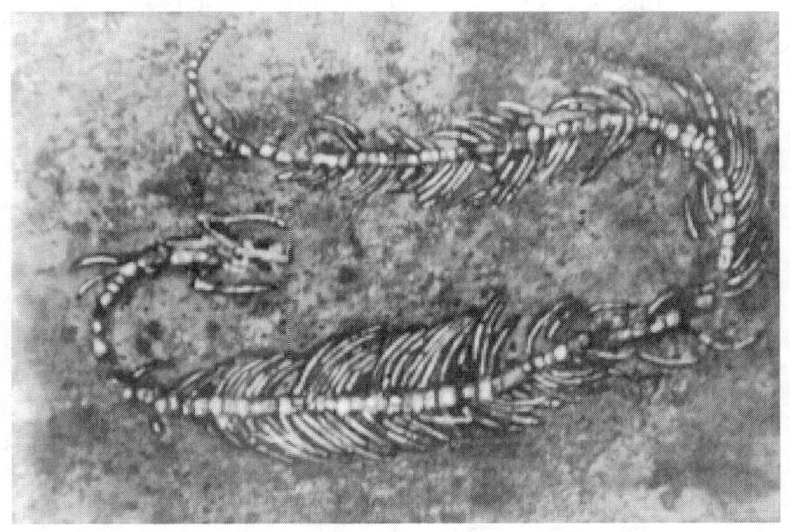

चित्र-14 : क्रिटेशियस् महायुग के शिला-स्तर में प्राप्त साँप का जीवश्म।

टर्शिअरी (Tertiary) : म्युथाली आरदुइनां नामक भू-वैज्ञानिक ने सर्वप्रथम इस महायुग का नामकरण किया था। इसी को स्तनधारी प्राणियों का महायुग भी कहा जाता है। वर्तमान के उद्भिज्जों एवं प्राणियों का विकास एवं उद्भव इसी महायुग में हुआ माना जाता है। राजस्थान के बाड़मेर जिले के कापूर्डी गाँव के पास इसी महायुग के शिला-स्तर से नारियल का अद्भुत जीवाश्म प्राप्त हुआ है। (चित्र आवरण पृष्ठ फोटो)। पृथ्वी पर प्रायः सभी भागों में यह शिला-स्तर पाया जाता है।

इस महायुग को पुनः पाँच भागों में विभक्त किया गया है–

1. प्लायोसीन (Pliocene) :
   (ग्रीक Pleion – अधिक, Kainos – आधुनिक);
   – 50 से 90 प्रतिशत तक आधुनिक प्रजातियाँ।
2. मायोसीन (Miocene) :
   (ग्रीक Meion – कम, Kainos – आधुनिक);
   – 20 से 40 प्रतिशत तक आधुनिक प्रजातियाँ।
3. ओलिगोसीन (Oligocene) :
   (ग्रीक Oligos – बहुत कम, Kainos – आधुनिक);
   – 10 से 15 प्रतिशत तक आधुनिक प्रजातियाँ।
4. इओसीन (Eocene) :
   (ग्रीक Eos – उदय, Kainos – आधुनिक);
   – 1 से 5 प्रतिशत आधुनिक प्रजाति।
5. पैलियोसीन (Paleocene) :
   (ग्रीक Palaios – प्राचीन, Kainos – आधुनिक);
   –आधुनिक प्रजातियाँ अनुपस्थित।

क्वाटरनरी (Quaternary Period)

पेलिओजोइक तथा मीसोजोइक कल्प की तुलना में कैनोजोइक कल्प का विस्तार बहुत ही कम है। इसके दो उपभाग हैं –

1. टर्शिअरी तथा 2. क्वाटरनरी।

टर्शिअरी का विस्तार 6 करोड़ वर्ष तथा क्वाटरनरी का मात्र 20 लाख वर्ष पूर्व से आज तक माना जाता है। पुनः क्वाटरनरी को दो भागों में विभक्त किया गया है–

(i) अपर क्वाटरनरी, (ii) लोअर क्वाटरनरी।

लोअर क्वाटरनरी का नाम प्लीस्टोसीन (Pleistocene) है। इसी युग में आदि मानव के जीवाश्म मिलते हैं। (चित्र 15)। पहला चित्र भारत के शिला-स्तर से मिले एकमात्र मानव जीवाश्म का है जिसका नाम 'होमो-इरेक्टस-नर्मदाएनसिस' रखा गया है। मध्य प्रदेश के नर्मदा घाटी से इस प्रागैतिहासिक आदि मानव का जीवाश्म मिला है।

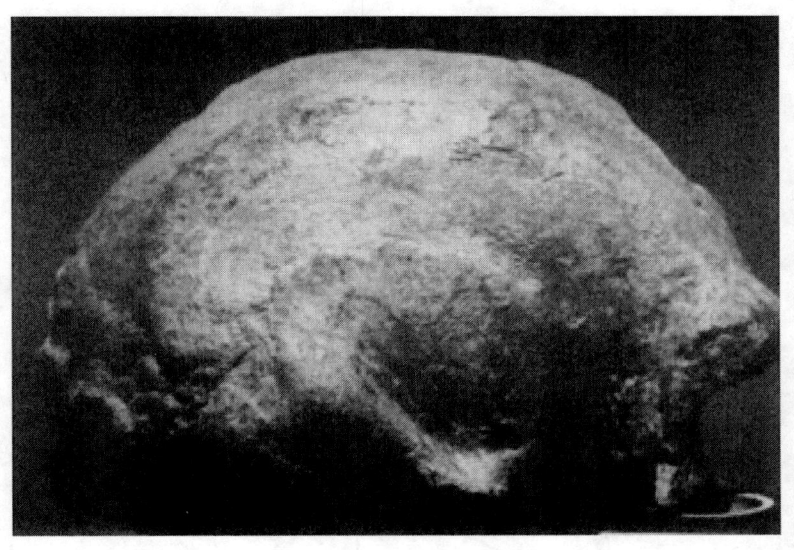

चित्र-15 : प्रागैतिहासिक मानव की खोपड़ी का जीवश्म। भारत में नर्मदा घाटी में प्राप्त।

इसके बाद आता है–होलोसीन या आधुनिक युग। इसका प्रारम्भ आज से लगभग दस हजार वर्ष पहले हुआ है। आज का मानव होलोसीन युग की देन है।

प्रीकैम्ब्रियन कल्प के अन्त में 'एडियाकारा' नामक एक छोटा जीवाश्म पाया गया है, जिसे कैम्ब्रियन महायुग के लोअर-भाग में रखा गया है। इसीलिए किसी-किसी वैज्ञानिक ने इसका नाम एडियाकारान रखा है।

जीव विकास की विभिन्न धाराओं को आकृति 2 में दिखाया गया है। भूविज्ञान में प्राणी के उद्‌भव तथा विकास को एकदृष्टि में जानने हेतु पृथ्वी की सृष्टि से वर्तमान काल तक के समय को एक वार्षिक कैलेंडर या घड़ी के आकार में प्रदर्शित किया गया है। इस प्रकार यदि नए वर्ष के चरण में पृथ्वी का उद्‌भव मान लिया जाए तो प्राणियों का उद्‌भव हुआ है–मार्च के अन्त तक तथा जीवों का विकास हुआ–नवम्बर तक। इस प्रकार नवम्बर के चौथे सप्ताह से भूमि पर जीवों का प्रसार हुआ। इस कैलेंडर के अनुसार आधुनिक मानव की उत्पत्ति 31 दिसम्बर की शाम को हुई (आकृति 3)।

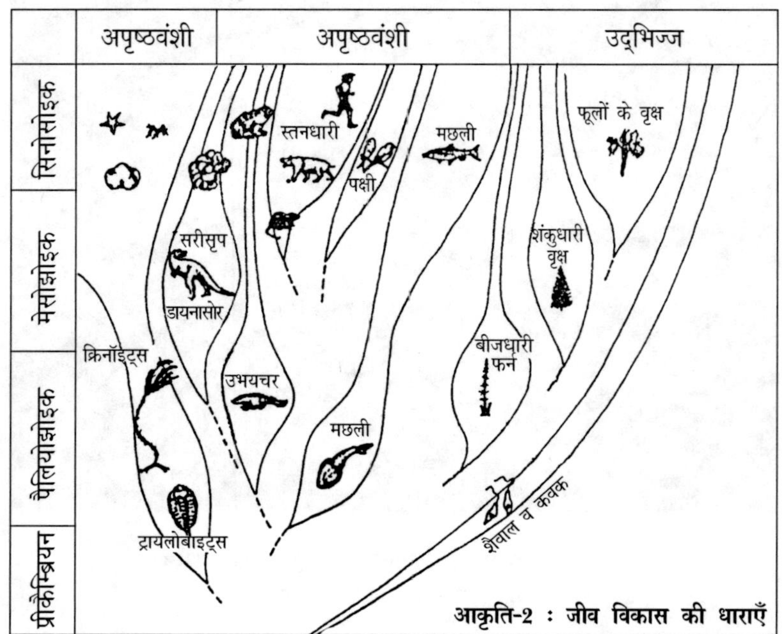

आकृति-2 : जीव विकास की धाराएँ

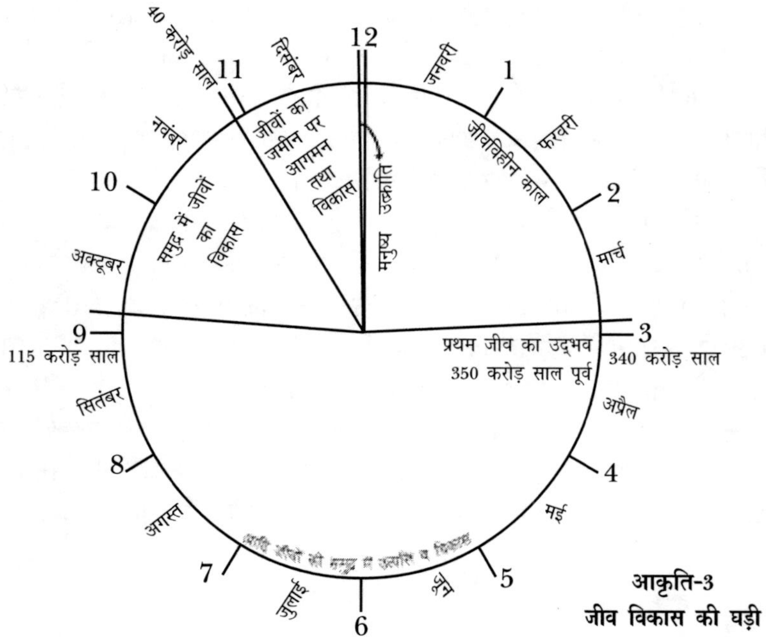

आकृति-3
जीव विकास की घड़ी

जीवाश्मों के बारे में

जीवाश्मों के प्रति प्राचीन दृष्टिकोण

जीवाश्मों के विभिन्न आकार-प्रकार तथा सुगढ़ता ने प्रागैतिहासिक काल से ही मानव को अपनी तरफ आकृष्ट किया है। आदिम पाषाणयुगीन (Palaeolithic) मानव अपने प्रियजनों की समाधियों पर सुन्दर जीवाश्मों को सजा देते थे। प्राचीन ग्रीस के इतिहास में जीवाश्मों के बारे में उल्लेख प्राप्त होते हैं। प्रसिद्ध दार्शनिक एनाक्सिमंडर (610-547 ई.पू.) ने शिला-स्तरों में स्थित सीपी इत्यादि के जीवाश्मों के आविष्कार का उल्लेख किया है। सामोज और सिसली में मछली का जीवाश्म प्राप्त होने पर इन्होंने प्राचीन काल में वहाँ पर समुद्र होने की व्याख्या की है। पिथागोरस (580-500 ई.पू.) के अनुसार–समुद्र से ही बहुत से स्थल भागों की उत्पत्ति हुई है। इसीलिए वर्तमान सागरों से बहुत दूरी पर स्थित पर्वतों पर भी समुद्री प्राणियों के जीवाश्म पाए जाते हैं। ग्रीक चिकित्सक ऐम्पेडोक्लिस (484-424 ई.पू.) ने सिसली में जलहस्ती का शिलाकृत (Fossil-ized) कंकाल देखा था तथा उन्होंने सोचा कि यह किसी दानव का कंकाल है। लगभग इसी समय हेरोडोटस ने मिश्र तथा लीबिया के रेगिस्तानों में चट्टानों के ऊपर प्राणियों के जीवाश्मों को देखा और इसके आधार पर यह मत व्यक्त किया कि भूमध्य सागर किसी समय मिस्र को जलमग्न करते हुए इथोपिया तक विस्तारित था। इसके लगभग 100 वर्षों के बाद प्रसिद्ध यूनानी दार्शनिक अरिस्टॉटल (Aristotle 384-322 ई.पू.) ने नील नदी के डेल्टाई प्रदेश में जीवाश्मों का अध्ययन किया तथा यह विचार व्यक्त किया कि पृथ्वी पर जल तथा स्थल भागों की अवस्थिति निरन्तर बदलती रहती है। जहाँ आज समुद्र है वहाँ कभी स्थल तथा जहाँ स्थल भाग है, वहाँ कभी समुद्र रहा होगा। पथरीली भूमि पर सामुद्रिक प्राणियों के जीवाश्मों के चिह्न देखकर ही उन्होंने ऐसा निर्णय लिया था। मध्ययुगीन यूरोप में जीवाश्मों को 'पत्थर का प्राणी' या 'प्रकृति का

खिलौना' मानते थे। ई. पू. तृतीय शताब्दी में चीनी दार्शनिक चूयांग-हुई को चीड़ के पादप का जीवाश्म मिला था। उन्होंने सोचा था कि सभी चीड़ के पेड़ 3000 साल बाद पाषाण में बदल जाते हैं। बारहवीं शताब्दी में लून-सून ने एक जीवाश्मी भूत वन का आविष्कार किया था। पहाड़ों के किनारे भूस्खलन के फलस्वरूप इन वनों के जीवाश्म बाहर आ गए थे। उन्होंने सोचा कि यह जीवाश्म बाँस के पौधे के तने हैं। उन्होंने इसका विवरण लिखा कि अतीत में चीन के इस प्रान्त में जलवायु दूसरी दशाओं की थी अतः यहाँ बाँस के पेड़ भी उगते थे। इस किस्म का वैज्ञानिक सिद्धान्त विज्ञान के इतिहास में अपनी तरह का अनोखा है। 1950 में प्रकाशित 'नीडहैम तथा लिंग' द्वारा लिखित 'Science and Civilization of China' ग्रन्थ में इसका उल्लेख मिलता है।

जीवाश्मों के प्रति प्रचलित विश्वास

मध्य युग में जीवाश्मों के बारे में दैवी शक्ति तथा चमत्कार की अनेक कहानियाँ प्रचलित थीं। यूरोप मे एकाइनोडर्म या सागर-बिच्छू के जीवाश्मों को साँप का अंडा समझा जाता था। (चित्र 16, 17, 18, 19)। लोगों का विश्वास था कि वज्रपात अथवा वर्षा के साथ ये आकाश से उतर आए होंगे। इसके अतिरिक्त यह भी विश्वास प्रचलित था कि ये जीवाश्म वज्रपात तथा साँप के जहर से रक्षा करते हैं।

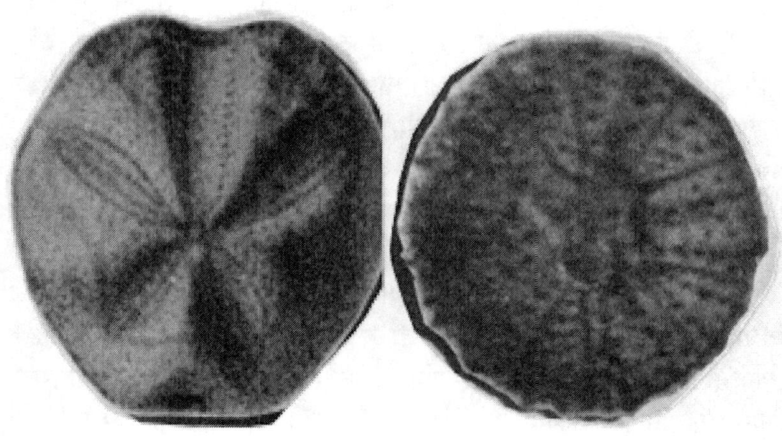

चित्र-16 चित्र-17

इन लोगों ने इन जीवाश्मों को विभिन्न प्रकार के नाम भी दिए थे। जो जीवाश्म 'जुडिया' अंचल से प्राप्त हुए उन्हें 'जुडा के पत्थर' कहते थे। कोई-कोई इसे सीरिया के पत्थर भी कहते थे। कुछ लोग इसे 'सेंट-पाल' की लाठी कहते थे। इन लोगों का ऐसा विश्वास था कि ये जीवाश्म मूत्राशय तथा किडनी की बीमारी को ठीक करते हैं।

चित्र-18 **चित्र-19**

चित्र : एकाइनोडर्म या सागर-बिच्छू का जीवाश्म

शालिग्राम या शालग्राम शिला के दैवी तथा धार्मिक महत्त्व से भला कौन नहीं परिचित होगा? यह भी एक प्रकार का सामुद्रिक प्राणी है। इसका नाम एमोनाइट है। (चित्र 20, 21, 22)। यह दिखने में ग्रीक पुराणशास्त्रीय 'ऐमन' नामक एक भेड़-बकरे के सींग जैसा है, इसीलिए इसका नाम एमोनाइट है। मिस्र देश में इसे जुपिटर देव के रूप में पूजा जाता है। हमारे देश में इसकी मान्यता 'नारायण शिला' के रूप में है। शास्त्रों में इसका उल्लेख मिलता है कि 'शालिग्राम' या 'नारायण शिला' नेपाल की काली-गंडकी नदी के उत्तरी तट पर पाया जाता है। वास्तव में उस क्षेत्र में ट्रायसिक युगीन सामुद्रिक शिला-स्तर पाए जाते हैं और इन्हीं स्तरों में 'एमोनाइट' पत्थर के रोड़ों के अन्दर शालिग्राम पत्थर रहते हैं। रोड़ा तोड़ते ही 'शिलाभूत नारायण' प्रकट होते हैं (चित्र-22)।

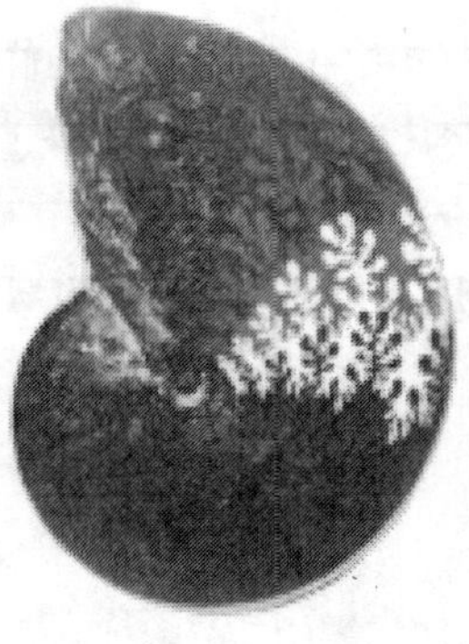

चित्र-20

चित्र-21

चित्र : जुरासिक महायुग का एमोनाईट का जीवाश्म।

चित्र-22 : ब्रैकियोपॉड का जीवाश्म।

जीवाश्म सम्बन्धी विभिन्न मत

दसवीं शताब्दी में पारसी चिकित्सक ऐमिसेना (930-1037) ने जीवाश्मों के बारे में प्रचलित ॲरिस्टॉटल के मतों को नए रूप में प्रचलित करने का प्रयास किया। तेरहवीं शताब्दी में 'एल्बर्ट-दी-ग्रेट' (1193-1280) ने ऐमिसेना के मतों का समर्थन किया। सोलहवीं शताब्दी में एग्रीकोला (1494-1555) जीव से जीवाश्मों की उत्पत्ति के मत का समर्थन किया।

जीवाश्मों के बारे में कई दूसरे प्रकार की कल्पनाओं का भी प्रचलन था। सत्रहवीं शताब्दी में मार्टिन लिस्तर ने लिखा है कि "आदि जीवाश्म प्राणियों की आकृति जैसे ही हैं किन्तु प्राणियों के साथ उनका कोई सम्बन्ध नहीं है।" स्विस चिकित्सक कार्लनिकोलस लैंग (1780) ने जीवाश्मों को 'डिजाइन युक्त शिला' कहा। उनके अनुसार, यह प्रकृति-प्रदत्त खिलौना है। कोई-कोई इसे सृष्टिकर्ता की कारस्तानी कहते हैं तो कोई-कोई सोचते हैं कि शैतान ने भी सृष्टिकर्ता का अनुसरण किया, जिसके फलस्वरूप जीवाश्मों की संरचना हुई है।

कुछ प्रवक्ताओं ने जीवाश्मों के बारे में कुछ वैज्ञानिक एवं कुछ धार्मिक चिन्ता भी प्रस्तुत की। यह जीवाश्म उद्भिज्ज एवं प्राणी का अवशेष ही है, यह इनका मानना था। लेकिन इन लोगों का सोचना था कि जीवाश्मों में रूपान्तरण, बाइबल महाग्रन्थ के महाप्लावन प्रसंग के अनुसार है। उसी समय इन जीवाश्मों की उत्पत्ति हुई।

तेरहवें शतक में इटालियन भू-वैज्ञानिक रिस्त्रो दरोजा ने लिखा : अति उच्च एक पर्वत शिखर पर चढ़ते समय हम लोगों को प्रचुर मात्रा में मछली की अस्थियों के कंकाल दिखे। बालू कण और गोलाकार रोड़े में यह पाए जाते हैं। ऐसा प्रतीत होता है कि ये एक नदी के तली में जमा हुए। धर्मग्रन्थों के अनुसार, पृथ्वी की सृष्टि के समय ही इन पत्थरों की सृष्टि हुई, यह जीवाश्म यही प्रमाणित करते हैं। इसमें बाइबल के ईश्वरीय सृष्टि के संग जीवाश्मों की सृष्टि को भी जोड़ दिया गया।

बर्नार्ड पैलिसी (1510-1590) नामक एक फ्रांसीसी ने, फ्रांस से नीदरलैंड तक घूम-घूमकर जीवाश्मों का संग्रह एवं इसका सचित्र विवरण दिया है। उन्होंने पेरिस (Paris) नगर में आकर विज्ञानियों के समावेश में यह घोषित किया कि जीवाश्म 'प्रकृति का खिलौना' नहीं है। यह जीव का अवशेष है। यह जल प्रवाह से कीचड़ में दब गए और बाद में जीवाश्मों में रूपान्तरित हुए। बाइबल के सृष्टि निर्माण के साथ इसका कोई सम्बन्ध नहीं है। इस घोषणा के पुरस्कार-स्वरूप उनको धर्म-विरोधी कहकर पैलिसिको तस्तील कारागार में डाल दिया गया।

इसी बीच यूरोप में सूक्ष्मदर्शी (Microscope) का आविष्कार एवं विकास हुआ। जीव विद्या के लिए यह एक सुनहरा अवसर था। 1590 में हान्स एवं जैकेरियस जैन्सन ने संयुक्त प्रकाश सूक्ष्मदर्शी यन्त्र को बनाया। इस यन्त्र की

सहायता से राबर्ट हुक ने (1635-1730) सूक्ष्म आकार के फोरामिनिफेरा जाति के एककोशीय प्राणी का अध्ययन किया। उद्भिदों के जीवाश्मों के कोश का भी उन्होंने विवरण दिया। जीवों में परिवर्तन का आभास उन्हीं के लेख में मिलता है। उन्होंने लिखा–"एक ही प्रजाति से बहुत से प्राणियों की सृष्टि हो सकती है क्योंकि हम जानते हैं कि जलवायु, मिट्टी और खाद्य परिवर्तन से प्राणी के शरीर में भी परिवर्तन होता है।"

डेनमार्क निवासी निकोलस स्टेनन (1638-1687) ने इसी समय तलछटी (Sedimentary) शिला के उद्भव और उसके स्तरों के क्रम का व्यापक वर्णन किया। इसके फलस्वरूप शिला-स्तरों में जीवाश्म तथा उसके अनुक्रम और समय-सारणी के बारे में भी धारणा प्रारम्भ हो गई। इसके बाद कैरोलस लिनियस (1707-1778) आए। इन्होंने जीवों के 'गण' एवं 'प्रजाति' के बारे में व्याख्यान किया। इन्होंने ही सर्वप्रथम 'द्विनाम पद्धति' (Bi-nomial Nomenclature) दिया। इनके अनुसार जीवों के नामकरण में पहले 'गण' का नाम तथा बाद में 'प्रजाति' का नाम रहेगा। यह पद्धति आज भी चली आ रही है। इसके फलस्वरूप समस्त जीवों का वर्गीकरण किया गया।

बाद में वैज्ञानिक पुरा जीव विद्या की विस्तृत रूपरेखा बनाई गई। अलेक्जेन्डर ब्रेंग्नियार्टि (1770-1874) ने समय एवं परिस्थिति के साथ जीवों के सम्बन्धों की व्याख्या की। 1825 में जॉर्ज कुवियेर ने लिखा–"इस पृथ्वी में जीव का इतिहास बारम्बार प्राकृतिक संकट विनाश के कारण विघटित हुआ। अनगिनत प्राणी इस विनाश के शिकार हुए।" उनके छात्र दैरविगनी (1802-1857) ने कहा कि कम से कम सत्ताईस (27) बार इस प्रकार के विनाश हुए।

अंग्रेज भूविज्ञानी चार्ल्स लियेल (1797-1875) कुभिया के प्राकृतिक परिवर्तन (विनाश) हेतु प्रजातियों के सृष्टिवाद का समर्थन नहीं किया। उन्होंने कहा–जीव समूह का स्वाभाविक नियमों के अनुसार ही उद्भव हुआ।

लैमार्क ने भी (1744-1829) इस मतवाद का समर्थन किया। उन्होंने कहा, "जीव गहन विचित्र वंशगत (Generation after generation) से चलते रहते हैं।"

प्राकृतिक प्रभाव के फलस्वरूप इसमें परिवर्तन आते हैं।

कोई अंग अगर विशेष रूप से व्यवहार किया जाए तो उस अंग का विकास भी अधिक होता है।

डार्विन (1809-1882) का मतवाद लैमार्क के मतवाद का ऋणी है। लेकिन डार्विन ने लैमार्क के दैहिक व्यवहार पर जोर नहीं दिया। डार्विन के अनुसार प्राकृतिक चयन ही विकास को दिशा देता है। जो प्राणी प्रकृति के संग सबसे अच्छा तालमेल बना पाते हैं, प्रकृति उसी को आगे के लिए चुनती है।

किसे जीवाश्म कहेंगे?

प्राकृतिक पद्धति के अनुसार भूमि में दबे हुए प्राणी या उद्‌भिदों के अवशेष को 'जीवाश्म' या 'Fossil' कहते हैं। Fossil (जीवाश्म) शब्द की उत्पत्ति लैटिन भाषा से हुई है। लैटिन 'Fossil' कुछ खोदकर निकालना। पत्थर एवं माणिक के टुकड़ों को 'फासिलिया नेटिभा' कहा जाता था। आजकल जीवाश्म बोलने से भू-वैज्ञानिक युग के जीवों का निशान ही माना जाता है। इसमें प्राणी और उद्‌भिद दोनों ही मिलते हैं। आदिम जीवों के पदचिह्न, चलने-फिरने के निशान उनके सुरंग, ये भी जीवाश्मों के अन्तर्गत हैं। प्रचलित धारणा के अनुसार 4000 ई.पू. तक के समय को जीवाश्मों की सीमा रेखा मानते हैं। उसके बाद के जीवाश्मों को पराजीवाश्म कहा जा सकता है। यह जीवाश्म कुछ जीव विद्या, कुछ मानव-शास्त्र (Anhropology) या पुरातत्त्व (Archeology) के अन्तर्गत आते हैं।

भूमि पर जो जीव रहते थे उसका जीवाश्मों में रूपान्तरित होना बहुत बिरल है। हिम प्रवाह में दबे हुए बहुत प्राणी मिलते हैं। जैसा साइबेरिया में मैमथ हाथी (हाथी की यह प्रजाति यद्यपि विलुप्त), पौधों के रेजिन में कीट-पतंग आदि के जीवाश्म मिलते हैं। कभी-कभी हड्‌डी या प्राणी का अन्य कोई भाग डामर या गड्‌डे में गिरकर जीवाश्म बन जाते हैं। ऐसा ही लॉस एंजलिस से मिला विलुप्त प्रजाति का एक बाध। भूमि में रहते हुए प्राणी या उद्‌भिद के कुछ हिस्से बाढ़ या वर्षा के प्रवाह से जलाशय, नदी या समुद्र तल में जाकर कीचड़ में फँस जाते हैं। यही कीचड़ वर्षों के बाद धीरे-धीरे पत्थर या चट्‌टान बन जाते हैं। इसके अन्दर छिपे हुए जीवों के अंश भी पत्थर बन जाते हैं। जो पेड़-पौधे या प्राणी जल में ही रहते थे वह भी इसी प्रकार पत्थर जीवाश्म बन जाते थे। केशेरुकीय प्राणियों के कठोर भाग, जैसे—हड्‌डी, दाँत जल्द ही जीवाश्म में रूपान्तरित होते हैं। सीपी के बाह्य आवरण जल्द ही संरक्षित होता है। कोमल जेली फिश (मछली) भी अपनी आकृति (छाप) छोड़ जाती है। बहुत प्राणी केवल चलने-फिरने के निशान

ही छोड़ जाते हैं। ये भी जीवाश्म माने जाते हैं।

जीवाश्म बनने के पहले विभिन्न अंगों में भी रासायनिक परिवर्तन होता है। सीपी एवं सागर बिच्छू का देहांश (सीट) जल में द्रवीभूत सिलिका फिलिंट चर्ट एवं पाइराइट से प्रतिस्थापित होता है (चित्र 24)। पौधे के तने भी जल में स्थित अजैव (Inorganic) पदार्थ से प्रतिस्थापित होते हैं। और इसके कारण उसके कोश में कोई विकृति नहीं आती है (चित्र 25, 26)।

कभी-कभी प्राणी की देह गल जाती है और यह खनिज पदार्थ से प्रतिस्थापित होती है। इस प्रक्रिया के पश्चात् भी सीपी आदि के सुन्दर प्रतिरूप प्राप्त होते हैं। मछली में शल्क भी संरक्षित होता है। कभी-कभी जीव का केवल ढाँचा ही जीवाश्म के रूप में मिलते हैं।

कुछ दिन पहले ही वैज्ञानिक जीवाश्मों से अविकृत (undecomposed) D.N.A. मिलने का दावा किया है।

तालिका : 2

जीवाश्म बनने की प्रणालियाँ

Partially Covered body of organison

शरीर अंशतः तलछट में दब गया

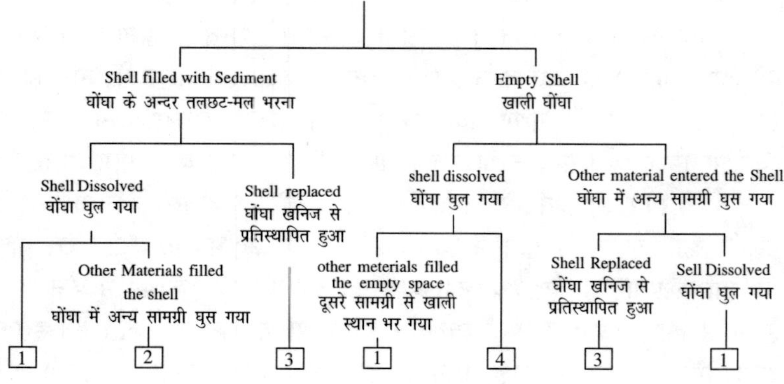

1. Mould of the internal Shell.
   घोंघे का आन्तरिक ढाँचा
2. Replaced Shell, Internal and external cast
   घोंघे का बाहरी और आन्तरिक प्रतिरूप
3. Replica of inside and outside
   बाहरी तरफ और अन्दर तरफ के प्रतिरूप
4. Cast prepared by natural processes
   प्राकृतिक बनावट प्रतिरूप

जीवाश्म कैसे बनते हैं?

जीवाश्म में रूपान्तरित होने के लिए जीव देह (शरीर) का बालू या कीचड़ में अतिशीघ्र दबना आवश्यक है। ज्वालामुखी के लावा प्रवाह में भी बहुत सारे प्राणी, जीवाश्मों में रूपान्तरित हो गए। अगर ऐसा नहीं हुआ तो बैक्टीरिया, कवक और अन्य जीव मृत जीवों को नष्ट कर देते हैं। (तालिका 2)

जीवाश्मों की खोज तथा संग्रह

चूना पत्थर, चूना मिश्रित बालू पत्थर एवं कीचड़ पत्थर (Shale), जीवाश्म खोजने के लिए सबसे अच्छा शिला-स्तर होते हैं। यह स्तृत या तलछट शिला (Sedimentory rock) है। इसीलिए यह स्तर-स्तर में पुस्तक के पन्नों की तरह रहते हैं। जहाँ शिला-स्तर अनुभूमिक रहता है, वहाँ पर अधिक जीवाश्म मिलते हैं। उद्‌भिदों के जीवाश्म सबसे अच्छे कीचड़ पत्थर में मिलते हैं।

पत्थरों के खदान में, पहाड़ों की चट्टानों में, रेल लाइनों के किनारे, पहाड़ों के पास के सड़क के किनारे या खदान के सुरंगों में एवं कुएँ खोदने पर निकले पत्थरों में जीवाश्म खोजने चाहिए। कोयले के खानों के पत्थरों में भी अच्छे-अच्छे उद्‌भिदों के जीवाश्म मिलते हैं।

रानीगंज, आसानसोल अंचल में नदी एवं नाले के आसपास पत्थरों में बहुत ही अच्छे पादप जीवाश्म मिलते हैं। कश्मीर, स्पीति में कैम्ब्रियन, ऑर्डोविशियन, सिल्यूरियन, डिवोनियन कार्बोनीफेरस, परमियन एवं ट्रायसिक शिला-स्तर में अपृष्ठवंशीय (अकशेरुकीय) सामुद्रिक प्राणी जीवाश्मों का बहुत अधिक विकास हुआ। जुरासिक महायुग में बहुत अधिक जीवाश्म कक्ष के जुरा, जुमारा इत्यादि अंचलों में मिलते हैं। क्रिटेशिअस महायुग में जीवाश्म सबसे अधिक तमिलनाडु प्रदेश के ऐरियालुर के आस-पास एवं नर्मदा घाटी में मिलते हैं। उद्‌भिदों के जीवाश्म गोंडवाना के कोयले की खदानों में मिलते हैं। रानीगंज, आसनसोल, झरिया, गिरिडी-राजमहल अंचल जीवाश्म संग्रह हेतु उचित स्थान है।

जीवाश्म तलछट पत्थर के स्तरों में ही खोजना चाहिए। कई स्तरों में अधिक और कई में कम मात्रा में मिलते हैं।

औजार तथा आवश्यक सामग्री

जीवाश्म संग्रह के लिए जिओलोजिकल हथौड़ा एवं विभिन्न आकार की छेनी आवश्यक है। इसकी सहायता से पत्थर को तोड़कर जीवाश्म खोजा जाता है। पत्थर से जीवाश्मों की सफाई करने के लिए भी इसकी आवश्यकता होती है।

कपड़ों की थैली, लपेटने के कागज भी आवश्यक हैं।

जीवाश्मों को कागज में लपेटकर उसे थैले में रखकर एवं तत्पश्चात् उस पर नम्बर एवं स्थान का नाम लिखना चाहिए।

अगर जीवाश्म खोजते समय वह टूट जाते हैं तो Quick Fix या डेनड्राइट से उसे जोड़ा जाता है। सीमेंट या प्लास्टर ऑफ पेरिस भी इस्तेमाल किया जाता है। एक नोटबुक भी आवश्यक है। उसमें जीवाश्मों के नम्बर, स्थान, पत्थर या चट्टान का विवरण आदि लिखा जाता है।

जीवाश्मों की पहचान

जीवाश्मों को लेकर किसी भी महाविद्यालय या विश्वविद्यालय के भूविज्ञान विभाग में जाना चाहिए। भारतीय भू-वैज्ञानिक सर्वेक्षण में पुराजीव विद्या के प्रयोगशाला में भी जा सकते हैं। कलकत्ता में इसके लिए केन्द्रीय प्रयोगशाला भी है। इसका पता–

पैलेंटोलोजी डिवीजन,
जिओलोजिकल सर्वे ऑफ इंडिया,
15, किड स्ट्रीट
कलकत्ता-700016

हर राज्यों की राजधानी में सर्वेक्षण कार्यालय हैं, वहाँ पर भी जा सकते हैं। अगर आवश्यक हो तो भारतीय संग्रहालय में जाकर भी जीवाश्मों की पहचान की जा सकती है।

जीवाश्म मिलने के पश्चात् बहुत ही उत्साह मिलता है। विदेश में बहुत अपेशावर (amateur) जीवाश्म संग्राहक हैं। इन लोगों ने काफी अच्छे-अच्छे जीवाश्मों के संग्रह किए। इस प्रसंग में मेरी ऐनिंग (1799-1847) का नाम याद आता है। ग्यारह वर्ष की उम्र से ही पिता के संग उन्होंने लाइमरेगिस अंचल में जीवाश्म खोजने का कार्य प्रारम्भ किया। बाद में उन्होंने बहुत सारे पृष्ठवंशीय प्राणियों के मूल्यवान जीवाश्म एकत्र किए।

जीवाश्मों से जीव-देह का पुनर्गठन

अपृष्ठवंशीय प्राणियों को उनके जीवाश्मों से पुनर्गठित करना काफी मात्रा में आसान है। साधारणतः शरीर की मांसपेशियाँ वातावरण के कारण नष्ट हो जाती हैं। इसी कारणवश मांसपेशियों के कण को सिलिका द्वारा प्रतिस्थापित होने में कुछ एक उदाहरण छोड़कर काफी कठिनाइयाँ होती हैं। बहुत से उदाहरणों में खोल (Shell) में कोई परिवर्तन नहीं होता। पानी में घुले हुए सिलिका एवं अन्य स्फटिकों के कारण खोल का रासायनिक प्रतिस्थापन हो जाता है। इसीलिए आज के जीवों के साथ उनकी तुलना करके उनके जीवित आकार एवं संरचना के बारे में पता लगाया जा सकता है। जैसे कि सीपी, शंख आदि के जीवाश्मों की संरचना का पता लगाया गया है। जीवाश्म सागर बिच्छु आज के सागर बिच्छुओं में बहुत ही मेल खाते हैं। बहुत पुराने ट्रायलोबाइट जीवाश्मों के साथ आज के संधिपद प्राणियों की समानता प्रतीत होती है। यद्यपि सिफालोपोड गोष्ठी के प्राणी आज विलुप्त हो गए हैं। आज के नॉटिलस के साथ उनकी काफी समानता है। जो अपृष्ठवंशीय प्राणी पूर्णतया विलुप्त हो चुके थे उनके जीवाश्मों के साथ जीवित प्राणियों की समानता मिलना मुश्किल है। जैसे ग्रैप्टोलाइट प्राणियों के जीवाश्मों के साथ आज के जीवित प्राणियों की कोई समानता नहीं है। यही समस्या कोनोडोंट के जीवाश्मों के लिए भी आती है। यह जीवाश्म सूक्ष्मदर्शी है तथा संरचना कायटिनोफॉस्फेट्स से बनी हुई है जिनकी रचनाएँ दाँतों जैसी रहती है। माना जाता है कि यह एक अजीब से अनोखे प्राणी के हिस्से हो सकते हैं।

पृष्ठवंशीय प्राणियों के जीवाश्मों की संरचना उनका पुनर्गठन करने में बहुत उपयोग में आती है। उनका आकार व आकृति तथा अंगसंधि और दाँत एवं दो खोलों को जोड़ने वाली हिंजलाइन इत्यादि अत्यन्त महत्त्वपूर्ण होते हैं। अनेक उदाहरणों में उनके गमनचिह्न, जीवित सुरंगें और मलाश्म इत्यादि विलुप्त प्राणियों की आकृति व आकार के बारे में कुछ जानकारी देते हैं।

पुरावनस्पतियों का पुनर्गठन उनके जीवाश्मों के आधार पर करना पुराप्राणियों की अपेक्षा अधिक कठिनाइयों वाला होता है। पुरावनस्पतियों के जीवाश्मों में पेड़-पौधों के कुछ भाग ही पाए जाते हैं, जैसे–पत्ता, तना, मूल, फूल, फल, बीज, परागकण या रेणु पेड़-पौधों की मृत्यु के बाद उसके अनेक भाग बिखर जाते हैं तथा उसे हवा या पानी बहा ले जाते हैं। अगर ये सब बिखरे

हुए भाग तलछटों में दबकर रह जाते हैं तो परिणामस्वरूप इनके जीवाश्म बनते हैं। अतः इनका परस्पर संबंध जोड़ना मुश्किल हो जाता है। परस्पर संबंधों के बारे में अधिक जानकारी तथा संबंधों को जोड़ने का प्रयास डॉ. बीरबल साहनी और टॉम हैरिस जैसे पुराउद्भिद विज्ञानियों ने किया है। इन्होंने पाया कि जीवाश्म पत्ते, तना तथा फूल पुनर्गठन के लिए उतने उपयोगी नहीं होते। केवल कोश का गुणधर्म ही बिखरे हुए भागों को जोड़ने तथा उनका परस्पर संबंध लगाने में काम आता है। फिर भी कुछ स्थानों में तने के साथ पत्ते तथा पत्ते के साथ फूल और तना के साथ मूल इत्यादि मिले हैं। ऐसी स्थिति में पूर्ण उद्भिद का पुनर्गठन बहुत ही आसान हो जाता है। लेकिन ऐसी स्थितियाँ बहुत ही कम पाई जाती हैं। डॉ. साहनी को राजमहल की पहाड़ियों में जीवाश्म पत्ते, जीवाश्म तना और जनन शंकु का जीवाश्म मिला था। इन बिखरे हुए भागों को जोड़कर उनके परस्पर संबंधों को जोड़कर वे पौधे का पुनर्गठन करने में सफल हुए। इस पौधे का नाम पेंटोक्झायलॉन रखा गया। यह एक विलुप्त वृक्ष है जिसकी आज के किसी भी वृक्ष से समानता नहीं है। इसी प्रकार की कहानी विल्यमसोनिया सेवार्डियाना वृक्ष के बारे में भी है। इसके जीवाश्म पत्तों का नाम टायलोफायलम, तना के जीवाश्म का नाम बकलँडिया और फूल के जीवाश्म का नाम था विल्यमसोनिया। डॉ. डिलचर एवं डॉ. क्रेन को कुछ जीवाश्म पत्ते, फूल की पँखुड़ियाँ तथा फूल की जड़ के जीवाश्म मिले। यह सब बिखरे हुए थे। दस करोड़ साल पुराने इन बिखरे हुए जीवाश्मों को इन्होंने एकत्र किया और जोड़ने से उनको आज के आधुनिक फूलों की संरचना प्राप्त हुई। इसको इन्होंने 'आरकिएन्थस' नाम दिया।

पृष्ठवंशीय प्राणियों के जीवाश्म खोजते हुए संग्रहकारियों को कुछ हड्डी, दाँत, अंडा या टूटी हुई पसलियों के भाग मिलते हैं या कभी करोटि-अंडे या मल मिलते हैं। इसी के जरिए ही या किसी मन्त्रों-तन्त्रों द्वारा प्राणी के अवयवों के बारे में कैसे वर्णन कर सकते हैं? मांसपेशी, चर्बी, आँख, शल्क या पंखों को लेकर तरह-तरह के रंगों को मिश्रित कर प्राणी देह की रचना करते हैं। यहाँ तक कि उसके चलने-फिरने का ढंग, आचरण, शान्ति या भयानकता उसके चेहरे में दिखाई पड़ती है। माइकल क्रिप्कटेन की काल्पनिक कहानी तथा स्पिलबर्ग द्वारा निर्मित चलचित्र 'जुरासिक पार्क' तथा 'लौस्ट वर्ल्ड' में ऐसा ही दिखाया गया।

वैज्ञानिकों का पहला काम है पूरे कंकाल को बनाना, जो अस्थि मिली नहीं उसको कल्पना द्वारा जोड़ना, प्राणी के जीवित अवस्था में कौन सी हड्डी कहाँ

थी, उसको पहले तय करना है। इसलिए इस प्रजाति से मिलते-जुलते दूसरे जीवाश्मों का तुलनात्मक विचार किया जाता है तथा इसके सहारे से मिली हुई अस्थियों को जोड़ा जाता है। डायनासोर्स के जीवाश्मों में उसके हड्डी और दाँत ही अधिक मात्रा में मिलते हैं क्योंकि इनका रासायनिक गठन मजबूत पदार्थों से बना है। हड्डी में करोटि कशेरुक, श्रोणि चक्र और आगे और पीछे के हाथ व पाँव, सींग और अन्य अस्थि आदि।

सींग अधिकतर संरक्षित नहीं रहता। लेकिन इसकी छाप पत्थरों पर मिलती है। पैर की तली के कठोर आवरण से पंजों और अंगुलियों की आकृति जान सकते हैं। इसके अलावा नाखून व उसके छाप भी जीवाश्मों के रूप में मिलते हैं। पेट की आँत में हजम की सुविधा के लिए कुछ पत्थर भी रहते हैं जिसे गैस्ट्रोलिथ कहते हैं। यह भी एक प्रकार के जीवाश्म हैं।

अब हम मांसपेशी (स्थान) की उपस्थिति के बारे में विचार करेंगे। जीवाश्मों में मांस बहुत ही कम संरक्षित होते हैं। इसलिए यह बहुत कुछ कल्पनाओं पर निर्धारित है।

डायनासोर्स को लेकर इस बारे में काफी काम हुए हैं। इसको जानने के लिए निम्न तत्त्वों की आवश्यकता है–

1. जीवित आर्ककोशाएं अर्थात् घड़ियाल एवं पक्षी देह की पेशी रचनावली।
2. जीवाश्म कितना घड़ियाल एवं पक्षी के करीब है।
3. जीवाश्म घण्डों में पेशी संयोग के चिह्न (Muscular Scar) का निर्णय।

पेशी रचना को जानने के लिए पहले यह जानना आवश्यक है कि प्राणी मांसाहारी या शाकाहारी है, द्रुतगति या मन्दगति से चलने वाला है। दाँतों की बनावट से जीव के भोजन का पता लगा सकते हैं। आँत में स्थित अवशेष भी इस जानकारी में सहायक हैं। कैम्सोनेथस की आँत में वैभरिसरस नाम के एक छोटे डायनासोर की हड्डी मिली है। चीन के एक डायनासोर के पेट में एक पूरा गिरगिट मिला है। मांसाहारी डायनासोर्स की मांसपेशियाँ नरम होती थीं। इनके जबड़े आगे-पीछे, दाहिने-बाएँ करने में उपयोगी थे। मांसाहारी के जबड़े दबाने या पकड़ने के उपयुक्त होते थे।

इसके बाद त्वचा के बारे में कुछ जानकारी आवश्यक है। कौन-कौन अस्थि संधि में अंग संचालन अधिक मात्रा में होता है, वहाँ त्वचा कोमल एवं ढीली होती है। कुछ-कुछ विशेष अवस्थाओं में त्वचा में खाजे (fold) भी होते हैं। जो प्राणी

जल में रहते हैं, उसकी त्वचा तैलीय (चिकनी) होती है जिससे कि इन्हें पानी में तैरने में सुविधा होती है। किसी-किसी जानवरों में गोलाकार थाली जैसी त्वचा होती है लेकिन त्वचा बनने की कोई विशेष रूपरेखा नहीं है। कुछ-कुछ जीवाश्मों में त्वचा की छाप भी मिलती है।

डायनासोर्स के त्वचा के प्रथम आविष्कारक वैकलस साहब (1852) ने इक्कीस गुणा बीस (21 × 20) सेमी. के एक जीवाश्म छोटे-छोटे षट्कोण में सर्वप्रथम उसे प्रथम खोजा। काँटेदार त्वचा वाले डायनासोर्स भी मिले हैं। इसमें हैं– वेरोसार्स एवं डिप्लोडोकस।

यह सब जोड़कर देह आकृति की रचना का ज्ञान होता है। यह एक कलाकार जैसा काम है। इसमें ध्यान देना पड़ता है कि पुनर्गठित प्राणी देखने में कर्कश न हो अथवा रबर की गुड़िया या फूले हुए गुब्बारे जैसा न दिखाई पड़े। मांसपेशी एवं चर्बी के सन्तुलन से पुनर्गठित प्राणी को प्राणबद्ध करना भी जरूरी है (चित्र 23)।

चित्र-23 : टिरानोसॉरास रेक्स।

जीवाश्मों में त्वचा के रंग कभी संरक्षित नहीं रहते। लेकिन डायनासोर्स एवं अन्य प्राणियों को पुनर्गठित करते समय रंगों का बाहुल्यता से इस्तेमाल करते हैं।

इस शतक के प्रथम भाग में जो डायनासोर्स का पुनः गठन किया (चार्ल्स नाइट, डेनेक एवं जालिंगर) इसमें गहरा भूरा एवं धूसर रंग का अधिक उपयोग किया। उन लोगों ने आजकल के घड़ियाल या जलहस्ती के रंगों के अनुसार उसको बनाया। बाद के कलाकारों ने मार्क हैलेट, ग्रेग पोल, विलियम इंटोउट की तरह चमकदार रंगों का इस्तेमाल भी किया। आजकल की दृष्टि से डायनासोर्स बहुत फुर्तीले एवं सतेज थे। सुरजीत दास व देवव्रत चक्रवर्ती आदि भारतीय शिल्पियों ने भी ऐसे ही रंगों का प्रयोग किया।

जीवाश्म संग्रह के विख्यात अभियान

उन्नीसवीं शताब्दी के भूविज्ञानियों में जीवाश्म संग्रह का शौक प्रचुर था। इसमें सबसे विख्यात ऐल्सिड दर्विनी के नेतृत्व में अमेरिकी अभियान के तहत भू-वैज्ञानिक नमूनों का संग्रह करने गए। उन्होंने सात वर्ष लगातार दक्षिण अमेरिका में नमूनों का संग्रह किया। उसमें बहुत सारे जीवाश्म भी थे। इसके बाद बहुत सारे अभियान किए गए और प्रचुर मात्रा में जीवाश्म संग्रह हुआ। 1901 में साइबेरिया के बेरोजका में जीवाश्म मैमथ आविष्कार के पश्चात् बहुत वैज्ञानिक वहाँ गए। आटोहर्ल इस दल के नेता थे, 14 मई को इर्कूटक्स से रवाना होकर स्लेज (कुत्तों द्वारा खींचने वाली) गाड़ी से दो हजार किमी. दूरी पार कर 2 सितम्बर को मैमथ जीवाश्म के इलाके में पहुँचे। मैमथ को टुकड़े-टुकड़े कर स्लेज में ही इर्कूटक्स तक ले आया गया। वहाँ से ट्रेन में सेंट पिटर्सबर्ग ले आए। उसी समय से सेन्ट पिटर्सबर्ग झुओलोजिकल संग्रहालय में इस कंकाल को रखा गया।

इसके बाद के अभियान में मैमथ के अलावा भी रोएँ वाला गैंडा, जंगली साँड़, जलहस्ती एवं हिरन जैसे अनेक जीवाश्म साइबेरिया से लाए गए। (चित्र 24)।

1868 में मार्स एवं कोप के नेतृत्व में अमेरिका में 'डाइनोसॉर्स हंट' नामक एक अभियान चलाया गया। इसमें काफी मात्रा में डाइनोसॉर्स के जीवाश्म मिले हैं।

1903 में अर्स्वोन वायायोमिंग प्रदेश के कोमोवल्फ अंचल से 22 मीटर लम्बा ब्रोंटोसॉरस के कंकाल को खोज निकाला। यह कंकाल अर्द्ध जुरैसिक युग के पत्थरों से मिले हैं। आजकल अमेरिकन म्यूजियम ऑफ नेचुरल हिस्ट्री में यह एक बहुत ही भारी आकर्षक वस्तु है।

भारत में जीवाश्मों के आविष्कार का इतिहास बहुत ही दिलचस्प है। विभिन्न देशी राज्यों में अभियान चलाते समय अंग्रेजी सेना ने बहुत सारे जीवाश्म खोज निकाले। नहर काटते समय इन्जीनियर लोग मेरुदंडीय जीवाश्मों की खोज कर सके। शिवालिक पर्वतों के पत्थरों में बहुत से ऐसे ही जीवाश्म मिले। दुर्गम अंचलों में रेल लाइन स्थापना के समय बहुत सारे जीवाश्म व शिला-स्तरों के खोल पाए गए। भारतीय पुराजीव विद्या फर्दिनान्द स्टेलिक्जका की बहुत ही कृतज्ञ है। 1866 से 1872 तक उन्होंने दक्षिण भारत के क्रिटेशियस युग के जीवाश्मों का विवरण प्रस्तुत किया। 1875 में स्पीति, लद्दाख, मध्य एशिया में अभियान के समय, लेह शहर में इनका देहान्त हुआ। लेह शहर में उनका स्मारक आज भारतीय पुरा जीव विज्ञान की विजय यात्रा की निशानी है।

चित्र-24 : प्लीस्टोसीन तुषार-युग के गेंडा व मैमथ।

गोंडवाना युग भारत में कोयले का युग है। गोंडवाना शिला-स्तर से उद्भिदों के जीवाश्म मैक्लेलंड (1850) ने आविष्कार किया। ओल्डहॅम एवं मॉरिस ने भी बहुत सारे जीवाश्मों के विवरण दिए। इस समय ऑस्ट्रिया के चिकित्सक-विज्ञानी ऑटोकार फाइस्टमांटेल ने भारतीय भू-वैज्ञानिक सर्वेक्षण में अपना योगदान दिया।

1877 से 1888 तक उन्होंने गोंडवाना के बहुत ही विचित्र उद्भिद जीवाश्मों का वर्णन किया। इसके साथ-साथ चल रहा था कच्छ में जुरासिक शिला-स्तरों से सामुद्रिक प्राणियों के जीवाश्मों की खोज। ग्रेगेरी वागेन, किचिन, क्रोक्स के नाम इस प्रसंग में उल्लेखनीय हैं। उन्नीसवीं शताब्दी के अन्त चरण में लिडेक्कार और अन्य वैज्ञानिक शिवालिक शिला-स्तर के पृष्ठवंशीय प्राणी-जीवाश्मों का आविष्कार एवं अध्ययन किया। पाकिस्तान के 'साल्ट रेंज' अंचल के जीवाश्मों का काम भी इसी समय प्रारम्भ हुआ।

20वीं शताब्दी के प्रारम्भ से ही हिमालय के शिला-स्तरों में जीवाश्मों के अनुसंधान एवं अध्ययन का काम आरम्भ हुआ। दिनार साहब ने (1890-1910) बहुत ही विचित्र जीवाश्म इस अंचल से खोज निकाला। कश्मीर एवं स्पीति के जीवाश्मों का भारतीय पुराजीव विज्ञान में महत्त्वपूर्ण स्थान है।

इसके बाद विदेशी वैज्ञानिक आए। इनमें सोयेन हेडिन, डि-टेरा एवं हाइम और गणसर के नाम सबसे उल्लेखनीय हैं।

'जिओलोजी ऑफ दि हिमालय' हाइम और गणसर द्वारा लिखित एक बहुत ही मूल्यवान ग्रन्थ है।

पुराजीव विद्याओं की चर्चा में भारत पीछे नहीं है। (Indian statistical Institute) इंडियन स्टेटिस्टिकल इंस्टीट्यूट के वैज्ञानिकों ने मध्य एवं दक्षिण भारत के विभिन्न अंचलों (प्रदेश) से डायनासोर्स के जीवाश्मों का आविष्कार किया। डायनासोर्स का एक लगभग समूचा जीवाश्म इन लोगों ने खोज निकाला। हड्डियों को सही स्थानों पर समायोजित करते हुए एक सम्पूर्ण कंकाल बनाया गया। इसका नाम 'बरपासॉर्स टेगोराई' रखा गया। कवि गुरु रवीन्द्रनाथ टैगोर के नामानुसार इसका नामकरण किया गया। इस डायनासोर के पैर बड़े थे। इसलिए इसका नाम बारपासॉर्स रखा गया। दक्षिण भारत के प्राणहिता गोदावरी घाटी से वैज्ञानिकों ने इसकी खोज की (चित्र 25)। भारतीय भू-वैज्ञानिक सर्वेक्षण ने हाल ही में आंध्र प्रदेश के कोटा के पास यमनपल्ली नामक स्थान से डायनोसार के जीवाश्मों को खोज निकाला है तथा इसका नाम

कोटासोर यमनपल्लीयनियसिस रखा गया है। इसे हैदराबाद के बिरला संग्रहालय में देखा जा सकता है।

इस शताब्दी के प्रारम्भ में जो मानव करोटि के जीवाश्म भारत में पाए गए, उसका पता आज नहीं मिल पा रहा है। हाल में भारतीय भू-वैज्ञानिक सर्वेक्षण के एक वैज्ञानिक, जिनका नाम अरुण सोनाकिया है, ने होशंगाबाद के समीप हाथनोड़ा से एक मानव करोटि के जीवाश्म की खोज की (चित्र-15 को देखें)।

चित्र-25 : डायनासोर का एक लगभग समुचा जीवाश्म। वरपासार्स टेगोरेई जो भारत में मिला।

सप्तम दशक में लद्दाख के पुगा अंचल में जो अभियान चलाया गया था, उसमें वर्तमान लेखक ने भी कुछ समय के लिए पुराजीव विज्ञानी के रूप में काम किया। इस अभियान से पहले इस अंचल का 'इंडस फिल्म' (Flysch) शिला-स्तर से बहुत ही कम जीवाश्मों के बारे में पता था। भारतीय भू-वैज्ञानिक संरक्षण ने इस अभियान में प्रायः 60 प्रकार की प्रजातियों के जीवाश्मों की खोज की। 1977 में लेखक ने कश्नीर में लेपिडोडेंड्रोप्सिस के जीवाश्म की खोज की। वह बहुत ही महत्त्वपूर्ण है।

लंदन के विख्यात 'नेचर' पत्रिका में इसका विवरण प्रकाशित किया गया (चित्र-26)।

पुरावनस्पति विज्ञान के क्षेत्र में लखनऊ स्थित बीरबल साहनी पुरावनस्पति विज्ञान संस्थान, भारत (Birbal Sahni Institute of Palaeobotany, Lucknow) में नए-नए कार्य हो रहे हैं। वहाँ बहुत सारे वैज्ञानिक उद्‌भिद जीवाश्मों के सम्बन्ध में परीक्षण करते हैं।

कुछ विचित्र जीवाश्म

साधारणतः जीवाश्म कहने में किसी निर्जीव, वर्णहीन (रंगहीन) वस्तु की छवि मन में आती है। यह निष्प्राण (निर्जीव) होते हैं पर हमेशा वर्णहीन नहीं होते।

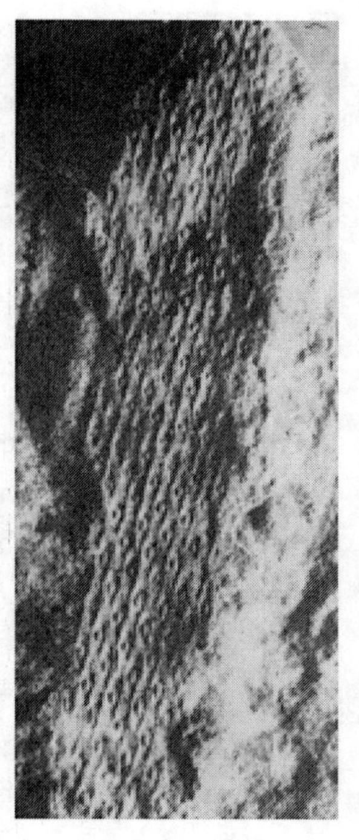

चित्र-26 : लेपिडोडेनड्रॉपसिस

सोवियत के पार्म प्रदेश में कुछ बीजों के जीवाश्मों को अंकुरित करने की कोशिश की गई। कुछ डायनासोर्स की हड्डी में चिपके हुए रक्त से अमीनो अम्ल मिले हैं। डायनासोर्स के रक्तभोजी पतंगों से रक्त लेकर उससे प्रयोगशाला में डायनासोर्स बनाना तो अभी उपन्यास एवं चलचित्रों की विषयवस्तु है। स्टीफन स्पीलबर्ग की 'जुरासिक पार्क' बहुत सारे वैज्ञानिकों के लिए चिन्ता का विषय बन गई है। गुजरात के खेड़ा अंचल से डायनासोर्स के अंडे मिले हैं। अंडों के खोल का आवरण भी उसमें संरक्षित है।

किसी-किसी सीपियों के जीवाश्मों में अपना रंग भी अटूट रहता है। इसी में कुछ तीन सौ करोड़ वर्ष पुराना कार्बोनीफेरस महायुग का है।

महीन फ्लींट पत्थरों में 'डायनोफ्लैजलेट' नामक एक बहुत ही छोटा जीवाश्म मिला है। इसके अन्दर आदिम जैव पदार्थ अभी भी उपस्थित हैं। रेजिन के अन्दर के जीवाश्मों में भी कीट-पतंगों में कोई विकार नहीं होता। साइबेरिया से मिले मैमथ एवं रोएँदार गैंडा के जीवाश्मों में मांस अभी भी अविकृत है। उत्तरी अमेरिका में प्राकृतिक अल्कतरा पोखर (Oil Pool) में बहुत प्राणी अभी भी जीवित जैसे प्रतीत होते हैं।

मूल्यवान जीवाश्म

पुराजीव विज्ञानियों के लिए हर एक जीवाश्म महत्त्वपूर्ण है। पृथ्वी के प्रागैतिहासिक काल को जानने के लिए यह (जीवाश्म) बहुत ही बहुमूल्य हैं, लेकिन पैसे के हिसाब से? इस प्रसंग में आदि पक्षी जीवाश्म आर्कियोप्टेरिक्स, पेकिंग मानव के बारे में कुछ आलोचना अतिआवश्यक है।

आर्कियोप्टेरिक्स के जीवाश्मों की संख्या कुल आठ (8) है। यह सभी जर्मन के वैभेरिया प्रदेश में स्थित स्नोहोफेन प्रान्त में चूना पत्थरों के खान से मिले हैं। 1860 में इस चूना पत्थरों के स्तरों में एक सुन्दर पंख का जीवाश्म मिला। यह पंख पक्षी के जीवाश्म के रूप में पहचाना गया। कुछ समय पश्चात् उसी स्थान पर एक पक्षी का लगभग समूचा कंकाल जीवाश्म मिला। इसके परों एवं पूँछ के दोनों तरफ ही पंख थे। इसका नाम आर्कियोप्टेरिक्स लिथोग्राफिका रखा गया। इस जीवाश्म को पहले डॉ. कार्ल हैबरलेन ने चिकित्सा के मूल्य स्वरूप खदान श्रमिकों से संगृहीत किया था। कार्ल ने जीवाश्मों को बेचने की इच्छा प्रकट की तथा इसका मूल्य 750 पौंड रखा। पहले जर्मन विचारालय ने इसे म्यूनिख संग्रहालय के लिए खरीदने का प्रयास किया। परन्तु अन्त में ब्रिटिश संग्रहालय ने उसे 700 पौंड में खरीद लिया।

तृतीय जीवाश्म 1876 में 'आइखस्टाट' के चूना पत्थरों के खदानों से मिला। यह दूसरे जीवाश्मों के स्थान से 15 किमी. दूरी पर था। कार्ल हैबरलेन के पुत्र अर्नेस्ट ने 1831 में इसे एक हजार पौंड में हाम्बोल्ड विश्वविद्यालय के संग्रहालय को बेच दिया।

चौथा जीवाश्म 1956 में मिला। इसके खोजकर्ता एडुयार्ड ओपित्स थे। सनहोफेन के समीप मैक्सबर्ग संग्रहालय में उसको रखा गया। पक्षी विशेषज्ञ ओष्ट्रम ने उसका परीक्षण किया। उन्होंने ही टाइलम संग्रहालय में संरक्षित पाँचवें आर्कियोप्टेरिक्स के जीवाश्म को पहचाना।

छठा एवं सातवाँ जीवाश्म 1970 एवं 1987 में तथा आठवाँ जीवाश्म 1992 में मिला। सनहोफेन खदान में अभी भी कार्य जारी है तथा और भी जीवाश्मों के मिलने की सम्भावना है।

चौथे आर्कियोप्टेरिक्स के बारे में एक दुखद संवाद है। 1981 में ओपित्स ने संग्रहालय से उसको हटा दिया, किसी भी वैज्ञानिक को उसे देखने की अनुमति नहीं थी। यहाँ तक कि 1984 में जब अंतरराष्ट्रीय आर्किओप्टेरिक्स सम्मेलन हुआ तब भी उन्होंने उसे प्रदर्शनी में सम्मिलित नहीं किया। 91 वर्ष की

आयु में कुवारे ओपित्स गुजर गए। उनके मौत की खबर सुनते ही उनका भानजा वहाँ जीवाश्म को लेने के लिए पहुँचा। लेकिन आज तक उसका कोई पता नहीं चला।

इधर और एक अपील हुई फ्रेड होयेल एवं ज्योतिर्पदार्थ विज्ञानी विक्रम सिंह ने एक पुस्तक में लिखा कि द्वितीय आर्किओप्टेरिक्स जीवाश्म जो कि ब्रिटिश संग्रहालय में रखा है, वह असली नहीं है। डार्विन के नियम (परिवर्तन का) उनके अनुसार त्रुटिपूर्ण है। उस त्रुटिपूर्ण परिवर्तनवाद के समर्थन के लिए अंग्रेज़ वैज्ञानिकों ने एक डायनासोर्स (कैम्सोनेयस) के अंग में दूसरे प्राणी की हड्डी को जोड़ दिया। यहाँ तक कि चूना पत्थरों को खोदकर उसका चूर्ण (पाउडर), सीमेंट जैसा इस्तेमाल करके पक्षी के पंखों को छापकर रखा गया। बाद में वैज्ञानिकों ने उसका सामूहिक रूप से परीक्षण किया और उसे असली पाया। उन लोगों ने कठोर शब्दों में होयेल एवं विक्रमसिंह की निन्दा की।

इस प्रसंग में साइनैन्थ्रोपस पैकिनेन्सिस अर्थात 'पेकिंग मानव' का उल्लेख भी आवश्यक है। खोए हुए मूल जीवाश्म पाने के लिए डेढ़ लाख डॉलर का पुरस्कार घोषित किया गया था।

सूडान के तरुण भू-वैज्ञानिक जौन गुनार एंडरसन और कनाडा के डॉक्टर डेविडसन ब्लैक ने आदिमानव जीवाश्मों की खोज में चीन में आकर नौकरी की। एंडरसन ने चीन के भूतात्विक सर्वेक्षण में और ब्लैक एक मेडिकल कॉलेज में। 1921 से अनुसंधान प्रारम्भ हुआ पेकिंग से 40 किमी. दक्षिण-पश्चिम जोकेडियन गाँव के पास। पहले उन्हें आदिमानव के दो दाँत प्राप्त हुए। 1926 में उन्होंने वह दो दाँत ब्लैक को दिया। 16 अक्टूबर, 1927 को और एक दाँत मिला। अब ब्लैक ने इस आविष्कार की घोषणा की। उन्होंने इस जीवाश्म का नाम रखा *साइनैन्थ्रोपस पैकिनेन्सिस*। लेकिन केवल दाँत के सहारे आदिमानव की पहचान विशेषज्ञ मानने को तैयार नहीं थे। 1928 में एक जबड़े की हड्डी मिली। दूसरे वर्ष एक खोपड़ी मिली। इसमें मस्तिष्क प्रायः एक हजार क्यूबिक सेमी. था। पेकिंग मानव का चेहरा स्पष्ट हुआ तथा इसे जावा मानव के साथ की ही एक जाति का मानकर *होमो इरेक्टस* का नाम दिया गया।

नए जोश से खोज कार्य चलता रहा। 1937 में पेकिंग मानव के और भी वस्तु से जीवाश्म मिले हैं। इसी बीच डॉक्टर ब्लैक गुजर गए और उस कार्य को पूरा करने के लिए जर्मन वैज्ञानिक हाइडेनरिस आए। इसी समय जापान ने चीन

पर आक्रमण किया। इसलिए अनुसंधान का काम बन्द हो गया। हाइडेनरिस ने इसी बीच जीवाश्मों की आकृति और करोटि का साँचा बना लिया। इसी समय द्वितीय महायुद्ध आरम्भ हुआ। 1941 में जापान ने अमेरिका के विरुद्ध युद्ध की घोषणा की। वैज्ञानिक इस नतीजे पर पहुँचे कि पेकिंग मानव के जीवाश्म को अमेरिका भेजना उचित होगा। जीवाश्मों को बक्सों में रखकर अमेरिकी दूतावास में भेजा गया। जहाँ तक मालूम है 9 अमेरिकी नाविक नें बक्सों को जहाज में पहुँचाया। जापानी सेना के हाथों पकड़े जाने के कारण वह जहाज किनारे पर लाया गया तथा नौसैनिक बन्दी होकर पेकिंग में वापस आ गए। उस दिन से ही वह जीवाश्म लापता है।

1960 में चीन सरकार को पता चला कि न्यूयॉर्क के संग्रहालय में पेकिंग मानव की एक करोटि रखी है। वह उसे वापस लेने का दावा करने लगे। लेकिन असल में वह प्लास्टर ऑफ पेरिस से बना प्रतिरूप मात्र था। असली जीवाश्मों का पता अभी तक नहीं मिला।

कला एवं वाणिज्य में जीवाश्मों की भूमिका

कोयले को प्यार से काला माणिक या Black diamond तथा खनिज तेल को तरल सोना कहते हैं। आधुनिक सभ्यता की नींव इन्हीं दो तत्त्वों पर निर्भर है। कोयला, खनिज तेल एवं प्राकृतिक गैस यह सभी जीवों के अवशेष से बनते हैं। यह सब पत्थरों में संचित रहते हैं। इसलिए इन्हें जीवाश्म ईंधन (Fossil Fuel) कहते हैं। यह सभी प्रकाश संश्लेषण प्रक्रिया के फलस्वरूप बने थे।

चूना पत्थर सीमेंट की मूल वस्तु है। सड़कें, मकान आदि बनाने में सीमेंट अनिवार्य है। जीवाश्मों से ही चूना पत्थर बनते हैं, जैसे—न्यूमूलिटिक लाइमस्टोन, कोरल लाइमस्टोन इत्यादि। कभी-कभी छोटे-छोटे शैवाल समुद्र जल से चूना निर्मित करते हैं। इससे भी चूना पत्थर का विशाल भंडार बनता है। ताप एवं दाब के फलस्वरूप चूना पत्थर संगमरमर में रूपान्तरित होता है। इटालियन एवं मैकराना के संगमरमर ऐसे ही बने हैं। ताजमहल से लेकर बहुत सारी विशाल इमारतें इन्हीं पत्थरों से बनाई गई हैं।

डाइएटम (Diatoms) नामक एक शैवाल से एक प्रकार का हल्का छिद्र युक्त मजबूत पत्थर बनता है। कनस्टंटिनोपोल का सेंट सोफिया का सुन्दर गुम्बद इसी पत्थर से बना हुआ है। यह पत्थर ताप एवं शब्द निरोधक है। इसलिए इन

पत्थरों को विभिन्न कार्यों में इस्तेमाल करते हैं। यह पत्थर बहुत आसानी से नाइट्रोग्लिसरिन सोख लेते हैं। इसलिए डाइनामाइट बनाने में इसका सबसे अधिक प्रयोग किया जाता है। इसके अलावा विभिन्न फिल्टर बनाने में भी यह काम आते हैं। रेडियोलेरिया एक बहुत ही छोटा प्राणी है। अलंकार बनाने में रेडियोलेरिया का प्रयोग करते हैं। हाथी के दाँतों के जीवाश्मों से भी बहुत सुन्दर अलंकार (Ornaments) बनाए जाते हैं। सिसली से मिले हुए रेजिन से भी सुन्दर आभूषण बनाया जाता है।

फिलहाल जीवाश्मों के बारे में लोगों के आग्रह (उत्साह) में निरन्तर वृद्धि हो रही है। जीवाश्मों के चित्रों पर आज तक 100 से अधिक डाक टिकट बने हुए हैं। यूरोप एवं अमेरिका के शिक्षक विद्यार्थियों को लेकर जीवाश्मों की खोज में इधर-उधर जाते हैं। किसी-किसी देश में जीवाश्म संग्रह की समिति भी बनी है। हमारे देश में इस प्रकार के संगठन अभी तक नहीं बने। परन्तु अनुमान लगाया जाता है कि ऐसा शीघ्र ही आरम्भ होगा। स्टीफेन स्पिलबर्ग द्वारा निर्मित जुरासिक पार्क एक नया उत्साह ले आई है। हाल ही में राष्ट्रीय विज्ञान संग्रहालय, कोलकाता में चलते हुए डायनासोर्स की प्रदर्शनी बहुत ही लोकप्रिय हुई है। लाखों लोगों ने इस प्रदर्शनी को देखा। यह प्रदर्शनी भारत के सभी प्रान्तों में दिखाई जा रही है। पृथ्वी के हर कोने में जीवाश्म संग्रह की धूम मची हुई है। एक साप्ताहिक संवाद पत्र से लिये हुए कुछ कटिंग निम्नलिखित हैं–

हिट डायनासोर्स

न्यूयॉर्क, 4 दिसम्बर (ए.पी.)–'चन्द्रमा के पत्थरों' के बिकने की बात थी। शनिवार को नीलामी होनी थी। शुक्रवार को ही एफ.बी.आई. (F.B.I.) के जासूसों ने उसे रद कर दिया (धोखेबाजी के सन्देह में)।

जो भी हो, डायनासोर्स के 'मल' नें बाज़ार को गरम रखा। उसकी बिक्री 632 डॉलर में हुई। डायनासोर्स के अंडे का एक सेट 4,250 डॉलर में बिका। 232 किलो का उल्का पिंड 32,500 डॉलर में खरीदा गया। इसके आयोजक थे फिलिप्स ऑक्सन हाउस।

भूविज्ञान एवं जीवविज्ञान में जीवाश्मों का योगदान

पुराजीव विद्या जीवों के जीवन इतिहास को जानने में सहायक है। इसके द्वारा स्तृत या तलछटी (Sedimentory) स्तरों का भी समन्वय (Correlation) किया जाता है।

यह पुराजीव विद्या, भूविज्ञान, जीव विज्ञान यहाँ तक कि मानवशास्त्र (Anthropology) का भी अंश है। विश्व की सृष्टि के बारे में जीवों का व्यापक प्रकाश, मानव का उद्‌भव एवं विकास सभी में पुराजीव विद्या सहायक है।

जीवाश्मों की सहायता से ही स्तृत (तलछट) स्तरों का अनुक्रम, एक दूसरे से सम्बन्ध एवं समन्वय की जानकारी सम्भव हुई। प्राकृतिक तेल एवं कोयले की खानों में जीवाश्म एक अहम भूमिका निभाते हैं। यहाँ तक कि लोहा, ताँबा, जस्ता, यूरेनियम आदि खनिजों की खोज भी जीवाश्मों की सहायता से की जाती है। किस समय में कौन से प्राणी थे, एक प्राणी से दूसरे प्राणियों का सम्बन्ध इस विषय में भी जीवाश्म रोशनी डालते हैं। जीवों में परिवर्तन की मूल जानकारी जीवाश्म से ही मिलती है।

जर्मन वैज्ञानिक अल्फ्रेड वेगनर ने 1912 में कहा था कि बहुत पहले महादेश एक दूसरे से अलग हो गए थे। कोई-कोई दूर चले गए थे या कोई-कोई पास में आ गए। भूगोल एवं जीवाश्म के आधार पर उन्होंने एक परिकल्पना प्रकट कि विशाल गोंडवाना महादेशों के विभिन्न अंशों में उन्होंने एक ही प्रकार के उद्‌भिद (ग्लोसोप्टेरिस) एवं प्राणियों के जीवाश्म देखे थे। इसी धारणा पर महादेशीय परिभ्रमण एवं 'प्लेट टेक्टोनिक' के मूल सिद्धान्त की स्थापना हुई है।

जीव विलुप्ति का इतिहास

ऐसा अनुमान किया जाता है कि सृष्टि के आदिम अवस्था से आज तक जितनी प्रजातियों का पृथ्वी पर उद्‌भव हुआ, उसकी संख्या लगभग 50 करोड़ है। वर्तमान में पृथ्वी पर अनुमानित 10 लाख विभिन्न प्रजातियाँ हैं। इससे पता चलता है कि विलुप्त प्रजातियों की संख्या वर्तमान संख्या से कई गुना अधिक है। निम्नलिखित तालिका से इसके बारे में अनुमान लगाया जा सकता है–

करोड़ वर्ष पूर्व	महायुग के अन्त में	विलुप्त प्रजातियों की अनुमानित मात्रा
0.01	प्लीस्टोसीन	विशाल स्तनधारी प्राणी एवं अनेक पक्षी।
6.64	क्रिटेशियस	विशाल डायनासोर्स और बहुत से सामुद्रिक प्राणी
20.8	परमियन	50 प्रतिशत जीव, 90 प्रतिशत सामुद्रिक प्राणी।
36.0	डिवोनियन	30 प्रतिशत जीव
50.5	कैम्ब्रियन	50 प्रतिशत सामुद्रिक प्राणी।

इससे यह जाहिर होता है कि बारम्बार जीवों ने विपत्तियों (अस्थिरता) का सामना किया एवं लाखों-करोड़ों प्रजातियों की विलुप्ति हुई। विलुप्ति के इतिहास पर विचार करने से यह बात सामने आती है कि प्रलय युग-सन्धि के वक्त ही अधिकतर जीव नष्ट हुए हैं। जैसे कैम्ब्रियन–आर्डोविसियन, डिवोनियन– कार्बोनीफेरस, परमियन–ट्रायसिक अथवा क्रिटेशिअस तृतीय (Tertiary) युग सन्धि।

वास्तव में महाकल्पों का वर्गीकरण जीवों के सामूहिक विनाश एवं उत्पत्ति पर ही आधारित है।

जीव विलुप्ति की बारम्बार घटित घटनाओं का महाजागतिक (प्राकृतिक) दुर्घटनाओं से सम्बन्ध खोजा जा रहा है, जैसे–महाजागतिक विकिरण, सौर-किरण एवं उल्का पिंडों के विस्फोट आदि। जीव-जगत् पर इनका प्रभाव निश्चित ही होना था। इससे अनेक प्रजातियाँ नष्ट हो गई। इसके अलावा उल्कापात भी विनाश का कारण बन सकता है। क्रिटेशिअस महायुग के अन्तिम समय में शायद ऐसी ही कुछ घटना घटित हुई थी।

'महादेशीय भ्रमण' या 'Platetectonics' विद्या से अनुमान किया जाता है कि जगत का ऊपरी भाग कुछ विशाल कठिन खंडों से बना है जो कि अन्दर के आधे तरल पत्थरों या मेंटल के ऊपर तैर रहा है। महादेशों के इस परिभ्रमण के फलस्वरूप समुद्र तल ऊपर-नीचे होता है। सबसे महत्त्वपूर्ण बात जल-स्तर में परिवर्तन है। जल-स्तर के बढ़ने या घटने से बहुत सारे सामुद्रिक प्राणियों की मृत्यु हो सकती है। इसके अतिरिक्त सूर्य की तीव्र किरणों के कारण ताप की मात्रा आकस्मिक बढ़ जाती है एवं ध्रुवों पर बर्फ पिघलना प्रारम्भ हो गया। इसके कारण समुद्र जल-स्तर में वृद्धि हुई तथा बहुत सारा स्थल भाग जलमग्न हो गया। इन्हीं सब प्राकृतिक कारणों से जीवों की विलुप्ति हो जाती है। अतीत में समुद्र में

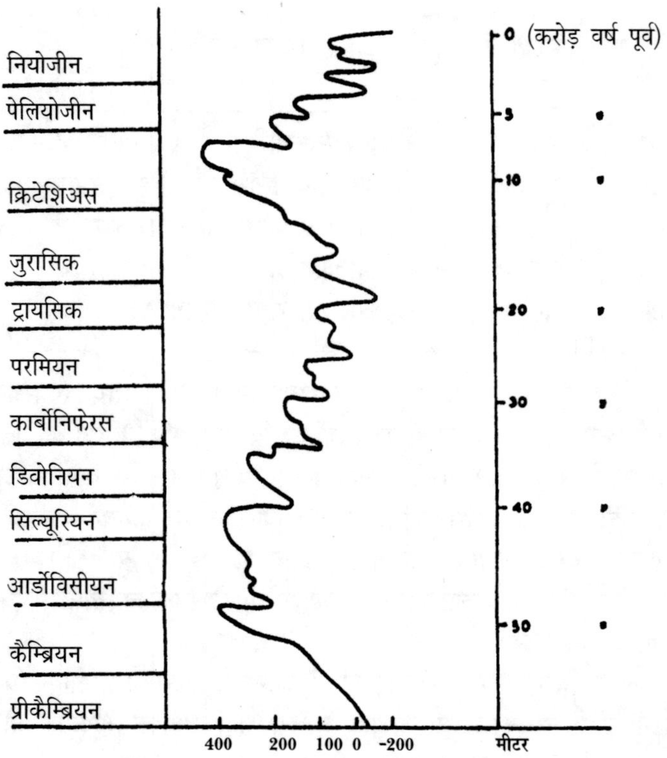

आकृति-4 : समुद्री जल का उतार-चढ़ाव

बारम्बार जल-स्तर में परिवर्तन हुए हैं (आकृति 4)। जीव विलुप्ति के प्रधान कारणों में यह एक है।

जीवों की सृष्टि, उद्भव एवं विकास

जीवों का विश्लेषण करने के पश्चात् यह पाया गया कि जीव पृथ्वी स्थित भौतिक एवं रासायनिक प्रक्रिया एवं वातावरण के बनने के फलस्वरूप है। आदि एककोशीय जीवों से वर्तमान के उन्नत (जलीय) जीव भी इसी भौतिक व रासायनिक प्रक्रिया एवं वातावरण के फलस्वरूप हैं। कोई-कोई जीव अपने वातावरण में समन्वय से रहते हैं। यह माना जाता है कि जीव वातावरण के अनुरूप ही है।

समय के साथ-साथ वातावरण में भी परिवर्तन होते हैं। पृथ्वी में जीवों का इतिहास लगभग साढ़े तीन सौ (350) करोड़ वर्ष का है। वातावरण में परिवर्तन साधारणतः धीरे-धीरे होता है। कभी-कभी अकस्मात् परिवर्तन भी वातावरण में आ जाते हैं। लेकिन हमारी नज़र में जो अकस्मात् परिवर्तन हुए हैं, वे शायद लाखों वर्ष पहले से ही धीरे से हो रहे थे।

वातावरण में परिवर्तन से जीवों के रहन-सहन में बहुत परिवर्तन आ जाते हैं। अगर वातावरण के साथ यह समझौता करने में विफल हुए तो जीव दूसरे प्रान्तों में चले जाते हैं। अगर नए वातावरण में यह अपने को अनुकूलित करने में सफल रहे तो यह टिक सकते हैं। कभी-कभी अंगों का विकास परिवर्तन के अनुसार होता है। नए अंगों के विकास से धीरे-धीरे एक प्रजाति से दूसरी प्रजाति का उद्भव होता है। अगर जीव वातावरण में अपने को अनुकूलित नहीं कर पाए तो इनका अन्त हो जाता है।

वातावरण के परिवर्तन से जीवों के आचरण में भी परिवर्तन देखा जाता है। वातावरण में परिवर्तन से वे विलुप्त हो सकते हैं, दूसरे स्थानों में जा सकते हैं या किसी विशेष अंगों को विकसित कर सकते हैं। परिवर्तन की क्षमता जीन-राशि या Gene pool पर निर्भर होती है। परिवर्तित वातावरण में जीन-राशि जीवों में वातावरण के अनुसार अंगों के विकास में सहायक होती है। इसी प्रकार नए-नए अंगों के विकास से नई प्रजातियों का जन्म होता है। इस प्रकार वातावरण में परिवर्तन के साथ एवं प्रतिकूलता के विरुद्ध अपने को जीवित रखना तथा नई प्रजातियों के विकास की प्रक्रिया को ही उद्विकास कह सकते हैं।

चार्ल्स डार्विन ने नए-नए अंगों के विकास एवं वातावरण में परिवर्तन के आधार पर जीवों के उद्भव का जो चित्र अंकित किया है, उसको 'जीवों का क्रम विकास' या Phyletic gradualism कहते हैं। यह असल में धीरे-धीरे प्रगतिशील परिवर्तन की प्रक्रिया है। इसमें पूर्वजों एवं आने वाली पीढ़ियों की एक क्रमिक धारा की कल्पना की गई, जैसे–क-प्रजाति से ख-प्रजाति, ख-प्रजाति से ग-प्रजाति इत्यादि।

पुराजीव वैज्ञानिकों ने देखा कि पूर्वजों तथा आने वाली पीढ़ियों के क्रम विकास के प्रमाण सत्य हैं। परन्तु क्रम परिवर्तन का चित्र इतना सम्पूर्ण नहीं है। जीवाश्मों के अभाव से इस परिवर्तन का क्रम बहुत क्षेत्रों में अधूरा ही है। जीवों के इस अधूरे क्रम को 'अप्राप्त कड़ियाँ' या 'Missing links' कहते हैं। जिन

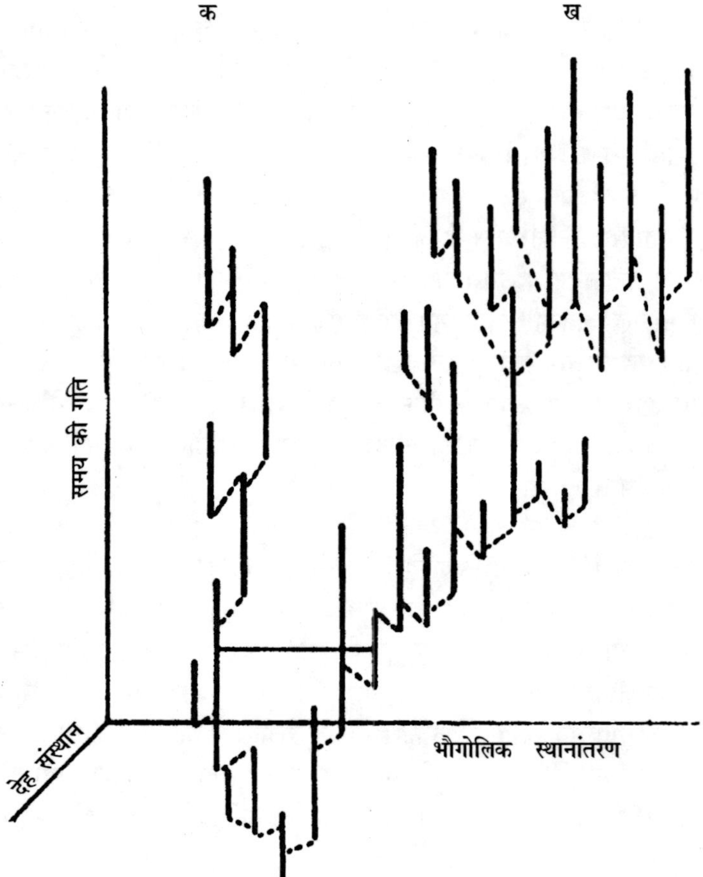

चित्र-5 : भौगोलिक स्थानांतरण एवं जीव का देह संस्थान

जीवों के परिवर्तन का इतिहास आपेक्षिक या पूर्ण रूप से ज्ञात हुआ है उसमें भी परिवर्तन की धारा सम्पूर्ण नहीं है। फलस्वरूप यह चित्र इस प्रकार बने। प्रजाति क / प्रजाति घ / प्रजाति च / प्रजाति ट आदि।

वैज्ञानिकों का सोचना है कि परिवर्तन का अनुक्रम इसी तरीके से सही रूप से ज्ञात होता है। इनके अनुसार वातावरण में परिवर्तन हेतु प्रजाति एक स्थान से दूसरे स्थान पर चली गई और विभिन्न भौगोलिक अवस्था में अपने-अपने अंगों

को विकसित किया। अवस्था एवं धारा हेतु इसमें कुछ परिवर्तन आए। आकृति 5 में इसको समझाया गया है।

आकृति 5 में 'क' व 'ख' की प्रजातियों में परिवर्तन दिखाया गया। इस त्रिमात्रिक (तीन मात्रा) चित्रों में नीचे अंगों में परिवर्तन दिखाया गया। इसका नाम Allopatric speciation रखा है। इसी माध्यम से पुराजीव विज्ञानियों ने 'अप्राप्त कड़ियाँ' (Missing links) या खोए हुए सूत्रों का समाधान किया।

1972 में ऐलड्रेज एवं गुलिड ने डार्विन के परिवर्तनवाद का नया व्याख्यान दिया। उन्होंने कहा–हर एक प्रजाति कुछ समय के लिए स्थितिशील एवं अपरिवर्तित (Stasis) रहती है। अगर इसमें कोई परिवर्तन हुआ तो नई प्रजातियों का जन्म होता है। इस परिवर्तन को 'Punctuated equilibria' कहते हैं। यह विचार नवीन होते हुए भी सोचने योग्य है।

जीव परिक्रमा

हमारे पूर्वज

हमारे रक्त में उपस्थित हिमोग्लोबिन में 500 करोड़ वर्ष पुराने लोहे के कण हैं। पृथ्वी के आदिम काल में जिस प्राथमिक कण से लोहा बना था, यह उसी समय का है। सायनो बैक्टीरिया एवं अकशेरुकीय एवं कशेरुकी प्राणियों की शृंखला (कड़ी) से यह हमारे रक्त में आए हैं। मानव ही प्रकृति की अन्तिम सृष्टि, होमोसेपियन्स है। इसका जीवाश्म केवल 40 हजार वर्ष ही पुराना है। हमारे पूर्वजों की कहानी की एक झलक इस प्रकार है–

आदिकालीन पृथ्वी के आदि उद्भिद

ज्योतिर्मय आदिम गैसीय पिंड धीरे-धीरे शीतल हुआ एवं एक कठोर आवरण की सृष्टि हुई। यह घटना अनुमानित 500 करोड़ वर्ष पहले हुई थी। इन कठोर स्तरों में कहीं ऊँचा, कहीं नीचा तथा गहरा भाग था। जो गैस या जलीय वाष्प धरती के बाहर ऊपर चले आए उनसे एक जलवायु की सृष्टि हुई। जलीय वाष्प से तीव्र वर्षा पृथ्वी पर प्रारम्भ हुई। इससे महादेश एवं महासागर की सृष्टि हुई।

आदि पृथ्वी की जलवायु में कोई मुक्त O_2 नहीं था। समुद्र में आदिमतम उद्भिदों का उद्भव हुआ एवं इसने प्रकाश की सहायता से प्रकाश संश्लेषण प्रक्रिया का प्रारम्भ किया। इस प्रकार धीरे-धीरे O_2 गैस का निर्माण हुआ। प्रथम अवस्था में यह O_2 समुद्र जल में ही था। इसकी मात्रा बढ़ने से यह O_2 समुद्र तल से वायुमंडल में संचारित हुए। इसी प्रकार 17 करोड़ वर्ष तक O_2 वायुमंडल में कुछ अधिक मात्रा में संचित हुए। अंत में सिल्यूरियन युग के (आज से 44 करोड़ वर्ष पूर्व) वायुमंडल में O_2 से एक ओजोन (O_3) गैस स्तर

का आवरण बना। इस आवरण ने सूर्य से निकलने वाली पराबैंगनी (U.V.) किरणों को अवशोषित कर इन्हें पृथ्वी पर आने से रोक दिया जिससे जीवों की उत्पत्ति स्थल में भी सम्भव हुई। इसी युग के वायुमंडल (सिल्यूरियन) में O_2 लगभग आज की तरह उपस्थित था। इसी के फलस्वरूप आदिजीवों का भूमि पर पदार्पण सम्भव हो गया। यह वातावरण बनने में 456 करोड़ वर्ष बीत गए।

हालाँकि समुद्र जल में प्राण का उद्भव एवं उसकी प्रगति बहुत पहले से ही प्रारम्भ हुई थी। आदिमतम प्राणी सम्भवतः बहुत ही छोटा एककोशीय एवं दुर्बल था। इन प्राणियों के सभी चिह्न शायद नष्ट हो गए। पर पृथ्वी के शैल-स्तरों में जो सबसे पुराना जीवाश्म मिला है उसकी आयु 350 करोड़ वर्ष है। पश्चिमी ऑस्ट्रेलिया के बारउना पर्वतों के शिला-स्तर से एक फीताकृति जीवाश्म मिला है। इसके अलावा इसमें स्ट्रोमेटोलाइट नामक एक शिलाकृति भी मिली है। यह शिलाकृति नीले-हरे शैवाल से बनी थी। वैज्ञानिकों ने रेडियो कार्बन विधि द्वारा इसकी आयु लगभग 350 करोड़ निर्धारित की है। इस प्रसंग में यह कहना आवश्यक है कि सबसे प्राचीन जीवाश्म की आयु 410 करोड़ वर्ष है। यह फीताकृति शैवाल प्रथम जीव का आदिपुरुष नहीं है, बल्कि उससे बहुत पहले ही पृथ्वी में प्राण का संचार हुआ था।

दक्षिण अफ्रीका में फिगट्री (Figtree) शिला-स्तर के शैवाल एवं कवक भी उल्लेखनीय हैं। इनकी आयु 300 करोड़ वर्ष है। इनमें हैं गोलाकार आर्किओस्फेरेथेड नामक एककोशीय शैवाल, इसकी आकृति एवं अवयव एककोशीय प्रकाश संश्लेषण शैवाल की तरह हैं। क्या प्रकाश संश्लेषण 300 करोड़ वर्ष पहले ही आरम्भ हो गया? फिगट्री शिला-स्तरों के जीवाश्म में अधिकांश वर्तमानकालीन शैवाल से बहुत मिलते-जुलते हैं। इन शैवालों की कोश-रचना अति सरल एवं आदिम उद्भिदों के प्रकार की है। इसके अतिरिक्त फिगट्री शिला-स्तर में पोरफाइरिन्स (Porphyrins) एवं अमीनो अम्ल भी मिले हैं। इसलिए (Figtree) फिगट्री शिला-स्तरों से प्राप्त जीवाश्मों की जैविक उत्पत्ति वास्तविक है।

कनाडा के अंटेरिया प्रदेश में गनफ्लिंट चर्ट के जीवाश्म और भी अधिक हैं। इसकी आयु लगभग 210 करोड़ वर्ष है। इसमें एनिमिकिया नामक एक फीताकृति शैवाल जीवाश्म है जो आधुनिक ओसिलेटोरिया जैसा है। इसमें गनफ्लिंटिया, इयुर्निओस्पोरा, इओस्टियन इत्यादि कवक जीवाश्म भी हैं। इस प्रसंग में एक बात उल्लेखनीय है। काकाबेकिया नामक जीवाश्म गनफ्लिंट चर्ट

से मिला था। इस प्रकार के जीवों के बारे में वैज्ञानिकों को पता नहीं था। इसकी आकृति एक खुले हुए छाते जैसी थी। कुछ वर्षों बाद ब्रिटेन के वेल्स प्रदेश में एक किले के मूत्रालय (शौचालय) में जीव मिला जिसकी आकृति बिल्कुल काकाबेकिया जैसी थी। इसलिए इसका नाम भी काकाबेकिया ही रखा गया। ऐसा अनुमानित है कि ऐसे जीव और भी मिलेंगे। वर्तमान लेखक ने मध्य भारत के बिजावर शिला संघ से गनफ्लिंटिया एवं काकाबेकिया जातीय जीवाश्मों की खोज की।

आदिम उद्भिद जीवाश्मों के अनुसंधान में भारत के वैज्ञानिक पीछे नहीं हैं। प्रायः भू-वैज्ञानिक साम्बे गौडा (Sambe Gouda) ने दक्षिण भारत की धरोहर शिला से शैवाल एवं कवकों के जीवाश्म खोज निकाले। इसकी आयु 220 करोड़ वर्ष है। कोलकाता विश्वविद्यालय की अध्यापिका भगवती सरकार ने 210 करोड़ वर्ष पुराना शैवाल जीवाश्म सिंहभूम 'आर्यन ओर' शिला संघ से प्राप्त की। इस आदिम जीवाश्म में कोई निर्दिष्ट केन्द्रक (Nucleus) नहीं है। इस प्रकार के एककोशीय प्राणी को प्रोकैरियोट कहा जाता है। केन्द्रक को कोशिका का मस्तिष्क (Head) कहा जा सकता है। क्योंकि यही जीवों की वंशगत को नियन्त्रित करता है। केन्द्रक रहित कोशों में परिवर्तन से केन्द्रक युक्त कोशिका बन गई, जिसका नाम युकैरियोट रखा गया। इसकी उत्पत्ति लगभग 130 करोड़ वर्ष पहले हुई थी, कैलिफोर्निया के पाहरूम शिला-स्तरों में प्रथम केन्द्रक युक्त शैवाल एवं बैक्टीरिया मिला। दक्षिण भारत के कडप्पा शिला-स्तर में भी इसकी उपस्थिति का पता चला। ऑस्ट्रेलिया में 90 करोड़ वर्ष प्राचीन विटरस्प्रिंग शिला-स्तरों से जो जीवाश्म मिला वह बहुत ही उल्लेखनीय है। इसमें नाना प्रकार के युकैरियोट शैवाल मिले। यहाँ तक कि उसके कोशा विभाजन की विभिन्न अवस्थाओं के जीवाश्म भी मिले। वर्तमान लेखक एवं उनके सहकर्मी द्वारा मध्य भारत के छत्तीसगढ़ शिला-स्तर में जो जीवाश्म शैवाल मिले उसकी भी आयु लगभग 70 करोड़ वर्ष है।

यह पहले ही बताया गया है कि आदिमकाल में जो शैवाल समुद्र में रहते थे उन्होंने ही प्रकाश संश्लेषण की प्रक्रिया से जल को O_2 से समृद्ध किया एवं बाद में बचे हुए O_2 वायुमंडल में आ पहुँचे। पराबैंगनी किरण निरोधक O_3 (ओजोन) स्तर का निर्माण 44 करोड़ वर्ष पूर्व हुआ। इसी के बाद ही भूमि पर जीवों का रहना सम्भव हुआ। बंजर भूमि प्राण के स्पर्श से हरी-भरी हो गई।

यह घटना उद्भिदों में परिवर्तन का एक विशाल पटाक्षेप है। पुरा-उद्भिदविद विलियम चैलोनेर (Chaloner) ने इसे उद्भिद में परिवर्तन के इतिहास में एक स्वर्णिम पल (क्षण) बताया। भूमि पर रहने के लिए जीवों को कुछ घटकों की आवश्यकता थी। यह है–जलीय पदार्थ संवहन के लिए परिवाही कोश का निर्माण, गैसों के आदान-प्रदान के लिए सछिद्र स्टोमैटा (रन्ध्र), एक त्वचा का निर्माण किया जो बाह्य वातावरण से कोशा को बचा सके तथा प्रजनन के लिए उत्तम प्रक्रिया। इस पद्धति के फलस्वरूप वाहिनिकोशिकाएं (Tracheid) एवं अन्य कोशों के द्वारा एक केन्द्र स्तम्भ या स्टील (रम्भ) का निर्माण हुआ जो उद्भिदों में जल परिवहन का कार्य करते हैं। हवा के आदान-प्रदान के लिए 'वातरन्ध्र' (Stomata) (चित्र 27) बना और त्वचा के लिए बने उपत्वचा (Cuticle) एवं परागकणों का उद्भव हुआ जिसका आवरण प्रायः अविनाशी स्पोरोपोलेनिन से निर्मित हुआ।

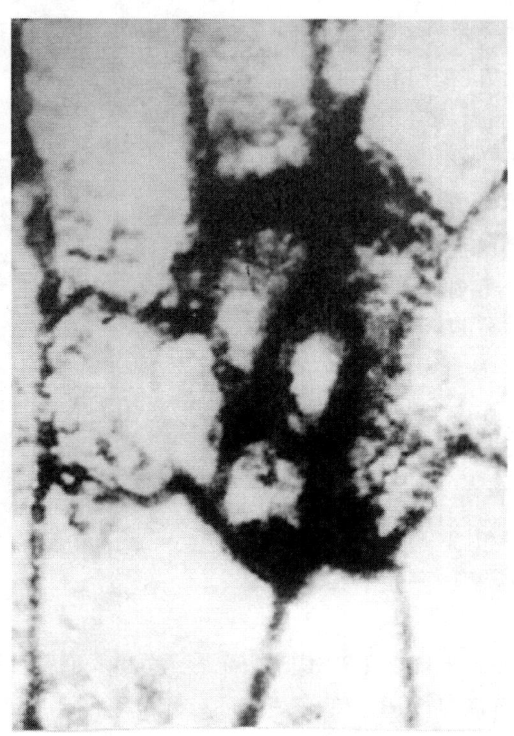

चित्र-27 : स्टोमेटा सूक्ष्मदर्शी के नीचे।

सिल्यूरियन एवं डिवोनियन युग-सन्धि में (आज से 40 करोड़ वर्ष पूर्व) पहले स्थलज उद्भिद जीवाश्मों का नाम कुकसोनिया रखा गया (चित्र-28)। यह उद्भिद कद में छोटा एवं पत्तीविहीन है। इसका तना द्विखंडित (Bifereate) 3 सेमी. लम्बा एवं 1½ मिमी. चौड़ा है। जल संवहनकारी वाहिनिकाएँ हर तने में विराजमान हैं। परागकण स्थलीय प्रशाखा के शीर्ष पर रचित हुए। इसके बाद राइनिया एवं साइलोफाइटोंन की उत्पत्ति हुई। राइनिया स्कॉटलैंड के राइनि घाटी से मिला था। इस पौधे का मूल तना भूमि के नीचे था। राइजोम से तना ऊपर आता था। यह तना 17 सेमी. लम्बा तथा परागकण प्रशाखा के शीर्ष पर था। इस परागकण का चित्र-41 में दिखाया गया है। साइलोफाइटोन, राइनिया से 1 मीटर लम्बे थे तथा इसका व्यास 1 सेमी. था। इसका तना काँटेदार तथा शाखा-प्रशाखाओं का विभाजन राइनिया जैसा ही था। यह सब पानी के किनारे उगते थे। परागकण हवा में चारों ओर फैलकर नए पौधे को जन्म देते थे।

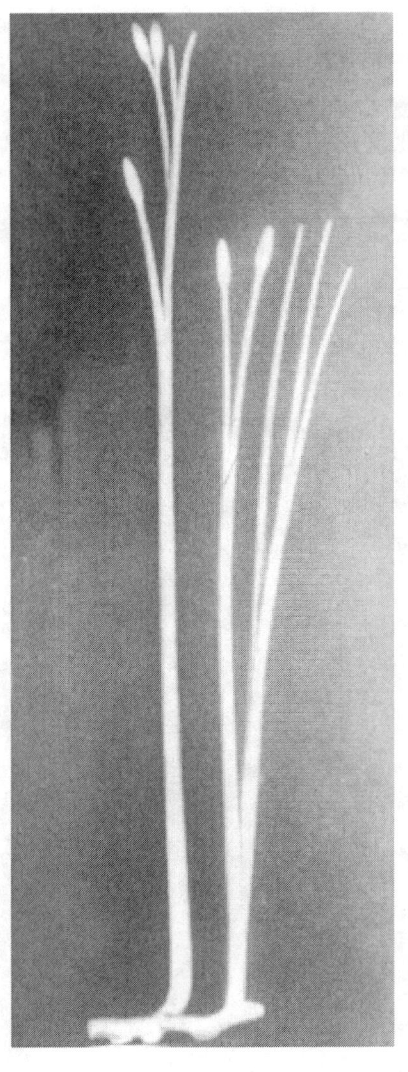

चित्र-28 : राइनिआ।

वर्तमानकालीन लगभग सभी उद्भिदों में यह प्रक्रिया पाई जाती है। यह उद्भिद वाहिनिकाओं द्वारा संवहन में सक्षम होते हैं। इसलिए इसका नाम ट्रैकियोफाइटा (Tracheophyta) या नलिकावाही उद्भिद रखा गया। शैवाल जातीय उद्भिद जो जल में ही रहते थे वह अपने शरीर कोश द्वारा जल एवं खाद्य

संग्रह करते थे; इसलिए इनमें कोई भी संवहन नलिकाओं की आवश्यकता नहीं थी। स्टील व जाइलम का और भी एक कार्य है, सीधे खड़े हुए पादपों को दृढ़ता प्रदान करना। जल के उद्‌भिद कोमल एवं नरम होते है। इसलिए इनमें किसी स्तंभ की आवश्यकता नहीं होती।

उन्नत उद्‌भिदों में पत्तियों पर जो रन्ध्र (Stomata) मिलते हैं, वे जलज उद्‌भिदों में नहीं पाए जाते हैं। हवा में O_2 एवं CO_2 का आदान-प्रदान कोई भी हरे उद्‌भिद का प्रारम्भिक धर्म है। जलज उद्‌भिद गैसों के आदान-प्रदान अपने सम्पूर्ण शरीर से ही करते हैं। स्टोमैटा की उत्पत्ति इस कार्य में बहुत सहायक साबित हुई। इसलिए रन्ध्रों का उद्‌भव भूमिगत प्राणियों में हृदय-उत्पत्ति के समान महत्त्वपूर्ण है। रन्ध्रों के उद्‌भव के साथ-साथ त्वचा में उपत्वचा (Cuticle) नामक एक मोमयुक्त पदार्थ का आवरण बन गया। इसका मुख्य कार्य था जलीय पदार्थों को शरीर के बाहर जाने से रोकना। वायुवाहित परागकण की सृष्टि उद्‌भिद के विकास के लिए एक महत्त्वपूर्ण पटाक्षेप है।

एक अन्य प्रकार के उद्‌भिदों के जीवाश्म भी राइनिया शिला-स्तरों से मिले। इनकी त्वचा में पत्ती अति सूक्ष्म शल्कों युक्त थी। इन पत्तियों में कोई संवहन नलिका प्रणाली नहीं थी। इसके अलावा परागकण स्थलीय प्रशाखा के शीर्ष पर न होकर शल्क के मध्य में सजे हुए थे। परागकोष में एक दरार थी जिससे यह परागकण बाहर निकलते थे। इन पौधों के केन्द्र स्तंभ या Stele बाहर से अन्दर की ओर होते थे। राइनिया में केन्द्र स्तम्भ नालाकार एवं सरल होते थे। लेकिन इन पौधों में ये बाँसुरी जैसे छिद्रयुक्त एवं सितारे जैसे थे। इसलिए इसका नाम एस्ट्रोजाइलोन रखा गया।

उद्‌भिद में परिवर्तन से पत्तियों की उत्पत्ति एक अहम घटना है। राइनिया एवं कुकसोनिया पत्तीविहीन थे एवं इसकी त्वचा तैलीय (Smoth) या चिकनी थी। साइलोफाइटोन काँटेदार थे एवं एस्ट्रोजाइलोन में शल्क जैसी पत्तियाँ थीं। इन पत्तियों में संवहन प्रणाली नहीं होती थी। धीरे-धीरे इनमें संवहन प्रणाली का विकास हुआ और यह असली पत्तियों में रूपान्तरित हुए। स्थल उद्‌भिदों में प्राथमिक विकास की दो धाराएँ हैं। एक साइलोफाइटोन जातीय दूसरा एस्ट्रोजाइलोन जातीय। द्वितीय धारा के क्रम में लाइकोप्सिड जातीय उद्‌भिदों की उत्पत्ति हुई। छोटी भालाकार पत्तियाँ इनके तने को घेरे रहती थी। धीरे-धीरे इससे गाँठयुक्त स्फेनोप्सिड एवं टेरिडोस्पर्म्स का विकास हुआ। यही पृथ्वी पर प्रथम पेड़ है।

यहाँ पर भारत में पाए गए प्राचीनतम पेड़ों का उल्लेख भी आवश्यक है। वर्तमान लेखक ने कश्मीर के बनिहाल एवं पहलगाँव के पास लीडार नदी की घाटी से भारत के प्राचीन वनस्पति तथा जीवाश्मों का पता लगाया।

यह स्थान (अंचल) सिल्यूरियन युग के अन्तिम चरण में समुद्र गर्भ से ऊपर उठ गए थे। अपेक्षाकृत खालों (नीचा जलाशय) में बेलयुक्त पौधे उग गए। परन्तु बारम्बार इस जल भूमि को समुद्र ने घेरा। इसका चिह्न शिला-स्तरों में निहित सामुद्रिक प्राणियों के जीवाश्म से मिलता है। इसके फलस्वरूप कहीं-कहीं सामुद्रिक स्तर पाए जाते हैं। यहाँ के डिवोनियन-कार्बोनिफेरस युग में (40 करोड़ से 28 करोड़ वर्ष पूर्व तक) चार स्तरों में उद्‌भिदों के जीवाश्म मिलते हैं। सबसे नीचे है–साइलोफाइटोन नामक पत्ती रहित उद्‌भिद एवं एक लाइकोप्सिड जीवाश्म जिसका नाम है–आदि लेपीडोडेंड्रोन। यह छोटे से उद्‌भिद जो जलाशय के किनारे झाड़ों में उगते थे। इसके बाद एक सामुद्रिक चूना पत्थरों के स्तरों के बाद सबलेपीडोडेंड्रोन व लेपीडोडेंड्रोप्सिस मिले हैं। इसके अतिरिक्त कुछ और भी जीवाश्म हैं जिसको अभी तक पहचाना नहीं गया। यही पृथ्वी के प्रथम वनस्पति थे जो "एक पैर पर खड़े सबसे बड़े" होकर आसमान छू रहे थे।

उद्‌भिदों में नए परिवर्तन

उद्‌भिदों में परिवर्तन का इतिहास, परिवर्तनशील वातावरण में सक्षम प्रजनन व्यवस्था। पेड़-पौधे तटों को छोड़कर दूर अंचलों में जा बसे। आदिम उद्‌भिदों का प्रजनन चक्र जल में ही सीमित था। भूमि पर आने के पश्चात् ही इनमें परागकण एवं बीजों का सुरक्षित रहना भी आवश्यक हो गया। कुछ फर्न की पत्तियों में परागकण रहते थे। डिवोनियन महायुग में बीजधारी फर्नों (टेरिडोस्पर्म्स) का पदार्पण हुआ। इनमें छोटे-बड़े बहुत सारे पौधे थे। (चित्र-30)।

कार्बोनिफेरस एवं परमियन महायुगों में टेरिडोस्पर्म्स बहुत अधिक फैले थे। दक्षिणी गोलार्ध के गोंडवाना कोयला युग में 'ग्लॉसप्टेरिस' नामक पौधे ही बहुत अधिक मात्रा में थे। इस ग्लॉसप्टेरिस पादप जगत् में ग्लॉसप्टेरिस, गंगोमप्टेरिस, पेलिओविट्टारिया, वर्टिब्रेरिया, मैक्रोटिनिओप्टेरिस, रूबिड़जिया, युरीफायलम इत्यादि (चित्र 31)। इनकी बहुत सारी प्रजातियाँ हैं। ग्लॉसप्टेरिस के ही 106 प्रजातियों के जीवाश्म भारत में मिले हैं। यह परमियन महायुग के

वर्षा प्रभावित वनों में पाए जाते थे। इनमें बीज (Seed) एक विशेष पत्ती पर होते थे।

चित्र-10 : सॉरोपड बर्गे के डायनासोर के अंडे का जीवश्म।

इसके बाद कोनिफर्स की उत्पत्ति हुई। इसके बीज शंकु (cone) में सज्जित रहते थे। यह शंकु लकड़ी जैसा सख्त (कठोर) होता है। इसके परागकण में दो पंख (Sac) रहते थे। इस पंख की सहायता से परागकण हवा में बहुत दूर जाने में सक्षम होते थे। आदिम उद्भिदों में परागण (Pollination) जल के द्वारा हुआ करता था जबकि कोनिफरो में यह हवा पर निर्भर थे क्योंकि बहुत सारे परागकण ऐसे ही नष्ट हो जाते हैं। इसलिए एक पेड़ लाखों-लाखों परागकण बनाते थे।

प्रजनन प्रक्रिया में इस परिवर्तन के फलस्वरूप जिम्नोस्पर्म की उत्पत्ति और विकास हुआ। ये पेड़-पौधे धीरे-धीरे समस्त पृथ्वी पर छा गए। मीसोजोइक कल्प में यह पेड़ बहुत थे।

जिम्नोस्पर्म नग्न बीजी पौधे हैं। बीज नग्न होने के कारण कीट-पतंगों, पशु-पक्षियों के शिकार हुआ करते हैं। इसके अलावा गिरने के तुरन्त बाद यह सड़ने लगते हैं। इसकी सुरक्षा के लिए बीज में दो आवरणों का निर्माण हुआ। जैसे नारियल में (चित्र 29)। वैज्ञानिकों का मानना है कि प्रथम आवर्तबीजी

ट्रायसिक के ऊपरी महायुग में प्रारम्भ हुए थे। लेकिन क्रिटेशिअस महायुग में ही इसका विस्तार एवं उपस्थिति लक्षणीय है।

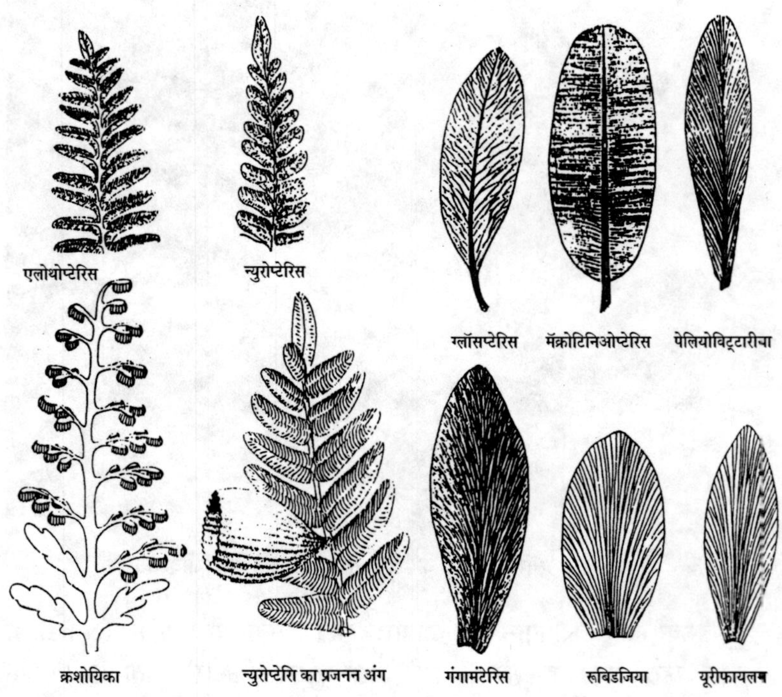

चित्र-30 : कार्बोनिफेरस मध्ययुग का बीजधारी फर्न

चित्र-31 : भारत के निम्न गोंडवाना स्तर में ग्लॉसप्टेरिस गोष्ठी के पत्रजीवाश्म

आर्वतबीजी (गुप्तबीजी) फूलदार उद्भिद होते हैं। फूल का अर्थ उसमें वर्तिकाग्र (Stigma) तथा जिसमें द्विस्तरीय गर्भाधान एवं अंडाशय में आवरण युक्त प्रजनन व्यवस्था उपस्थित है। बीज अधिकतर रसीले फलों के आवरण से ढके रहते हैं जिसमें प्राणी उसके भोजन में उत्साहित रहते हैं। फलों के आवरण केवल बीज को छिपाकर ही नहीं रखता बल्कि उसमें जल एवं वायु के प्रवाह में भी सहायक होते हैं। सुन्दर रंग एवं सुगंध तथा मीठे रस के कारण कीट-पतंग और भौंरे आकृष्ट होते हैं। इसी से पराग विस्तार एवं Cross fertilization में सहायता मिलती है। उद्भिद प्रेमी रवीन्द्रनाथ जी के अनुसार–''पेड़ में फूल देखने में जितने ही सुन्दर एवं शौखिन लगते हो, यह अपने कार्य के लिए ऐसे

बने हैं। उसके सौन्दर्यीकरण ऑफिसों की वेशभूषा है। जैसे भी हो, उसे फल बनाना ही पड़ेगा। अगर ऐसा न हो पाए तो उसका वंश पृथ्वी से विलुप्त हो जाएगा। सभी मरुस्थल बन जाएँगे। इसीलिए इसका रंग व सुगन्ध होता है। परागण प्रक्रिया समाप्त होते ही फूल की पँखुडियाँ झड़ जाती हैं और खुशबू (सुगन्ध) समाप्त हो जाती है। इसके पास अब शौखिनता के लिए कुछ भी समय नहीं रहता और यह अत्यन्त व्यस्त हो जाते हैं। प्रकृति के पास काम को छोड़कर और कोई बात नहीं है। ये कली से फूल, फूल से फल, फल से बीज, बीज से नए पेड़ की ओर भागते रहते हैं। जितनी भी बाधा आए उसके लिए कोई क्षमा नहीं, वहाँ कोई सुनवाई नहीं और यह अगर अपने कार्य में सफल नहीं हुए तो उसका नतीजा मृत्यु है।''

अविनाशी अक्षयचित्र

यह अतीव सहनशील है एवं आग इसे जला नहीं सकती। इसका स्वरूप अज्ञात है। केवल इतना ही जाना गया कि यह वसीय अम्ल (Fatty Acid) के उच्च कोटि का Polymer है। परन्तु इसका संगठन अभी तक नहीं जाना गया। यह स्पोरोपोलेनिन (Sporopollenin) नामक एक जैविक पदार्थ है। परागकणों के आवरण इसी स्पोरोपोइलेनिन से बनते हैं। इसी कारण पृथ्वी में नियमित रूप से विनाश एवं परिवर्तन (टूटने-बनने) के बीच भी यह लाखों वर्षों तक अपरिवर्तित रहते हैं।

भूस्तरों के आयु निर्णय में परागकणों की भूमिका महत्त्वपूर्ण है। परागकण विद्या (Palynology) का प्रयोग विभिन्न विषयों में होता है, जैसे—1. भूविज्ञान, 2. पुरा उद्भिद विद्या, 3. उद्भिद विद्या, 4. पुरातत्व, 5. अरण्य विद्या, 6. हिमवाह विज्ञान, 7. शहद उत्पादन एवं 8. चिकित्सा शास्त्र।

उद्भिद परागकणों का उत्पादन बहुत अधिक मात्रा में करते हैं। इसका मूल उद्देश्य फूलों का परागण (Polynation) करना है। ये भँवरा, तितली एवं अन्य कीट-पतंगों द्वारा तथा हवा की सहायता से दूसरे फूलों तक पहुँचते हैं तथा अधिकतर खो जाते हैं। यह खोए हुए परागकण भूमि या पानी में गिर जाते हैं। मिट्टी एवं कीचड़ के साथ तलछट या स्तृत चट्टानों के स्तरों में जम जाते हैं। एक बार अगर यह स्तरों में दब जाएँ तो इसके नष्ट होने का डर नहीं रहता है। मुक्त रहने से हवा में उपस्थित O_2 उसको धीरे-धीरे नष्ट कर देता है।

तलछट या स्तृत स्तर धीरे-धीरे पत्थर बन जाते हैं और इस प्रकार यह हजारों-लाखों वर्षों तक शैल-स्तरों में संरक्षित रहते हैं।

पत्थरों के स्तरों का परागकणों में परिवर्तन बहुत कम होता है एवं धीरे-धीरे यह गहरे रंग में परिवर्तित होते रहते हैं। यह जितना भी पुराना होता है उतना ही यह गहरा भूरा होता रहता है। कीचड़ एवं अन्य पत्थरों में इसका संरक्षण सबसे अधिक होता है।

पुरा पराग वैज्ञानिक पत्थरों से परागकण निकालते हैं। पत्थरों को चूर्ण कर तरह-तरह के अम्लों द्वारा उसको गलाया जाता है। अगर बालू पत्थर हो तो उसमें हाइड्रोक्लोरिक अम्ल का प्रयोग किया जाता है। इन अम्लों का प्रयोग करने से कार्बनिक पदार्थ गल जाते हैं लेकिन परागकणों में स्पोरोपोलेनिन के कारण इसका कोई असर नहीं होता है। इन परागकणों को पोलिविनाइल एल्कोहल से स्लाइड्र्स (Slides) पर रखा जाता है एवं बाद में कनाडा बाल्सम की बूँदें डालकर उसे सूक्ष्मदर्शी में देखा जाता है।

साधारणतः पुष्प रहित उद्‌भिदों के परागकण को स्पोर (Spore) कहते हैं, जैसे–लाइकोपोड, स्लेजिनेला, फर्न इन सब उद्‌भिदों के परागकण।

नग्नबीजी व Gynmosperms के परागकण को प्राक्-पराग (Pre-pollen) कहते हैं। आवर्तबीजी परागकणों को Pollen कहते हैं।

परागकण जीवाश्मों के नामकरण के समय कई विषयों पर ध्यान दिया जाता है, जैसे–आकृति, जनन चिह्न, नाप, परागकण में अलंकरण इत्यादि। साधारणतः परागकण देखने में त्रिभुज आकृति, गोलाकार अथवा सेम के बीज की तरह होता है। इसका नाप (Size) प्रायः 200 –m से कम होता है। इससे बड़े परागकणों को मेगास्पोर कहते हैं। नामकरण के लिए सबसे महत्त्वपूर्ण जनन चिह्न है अर्थात् यह एक दाग विशिष्ट (monolete) और त्रिशूलाकृति (Trilete) परागकण की त्वचा महीन, दानेदार, काँटेदार, लालीयुक्त या दूसरे प्रकार से भी अलंकृत रहते हैं। इसके अतिरिक्त त्वचा की मोटाई पर भी विचार किया जाता है। जिन परागकणों में जनन छिद्र नहीं होते उसको एलीट (alete) कहते हैं। monolete परागकण, माइक्रोफोविओलेटोस्पोरिस, तमिलनाडु के नेवेली अंचल से इओसीन युग के शैल-स्तर से मिले हैं। राजस्थान के बाड़मेर अंचल में पेलिओसिन शैल-स्तर से (चित्र 32) त्रिशूलाकृति (Trilete) परागकण प्राप्त हुए।

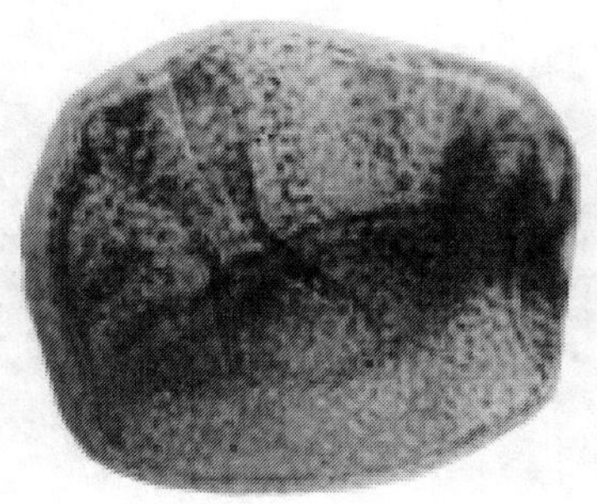

चित्र-32

आवर्तबीजी परागकणों के जनन चिह्न विभिन्न प्रकार के होते हैं। इसमें एक दाग अथवा त्रिशूलाकृति जनन चिह्न नहीं होते हैं। इसमें एक, दो, तीन या चार छिद्र या एपरचर (Apurture) रहते हैं। एपरचर की लम्बी आकृति होने से उसे कोल्पी (Colpi) अथवा Furrow कहते हैं। गोल छिद्र होने से उसे पोर (Pore) कहते हैं। इस Apurture की आकृति संख्या एवं स्थान पर परागकणों का नामकरण किया जाता है, जैसे–मोनोकोल्पेट, ट्राइकोल्पेट, पोलीकोल्पेट अथवा मोनोपोरेट, ट्राइपोरेट व पोलीपोरेट। कोल्पस अथवा पोर न होने पर परागकण को एकोल्पेट (Acolpate) कहते हैं। नेवेली अंचल के शैल-स्तरों से इओसीन युग का एक ट्राइकोल्पोरेट पराग जिसका नाम पाइलाट्राई कोल्पोराइटिस है (चित्र 33)। बाड़मेर पेलिओसीन स्तर में टेट्राकोल्पेट परागकण मिले हैं। एक अकोल्पेट परागकण क्रोटोनिपोलिस चित्र 34 में दिखाया गया। यह भी नेवेली के इओसीन स्तर से मिला है। और कुछ अन्य परागकण जीवाश्म चित्र 34a तथा 34b में दिखाए गए हैं।

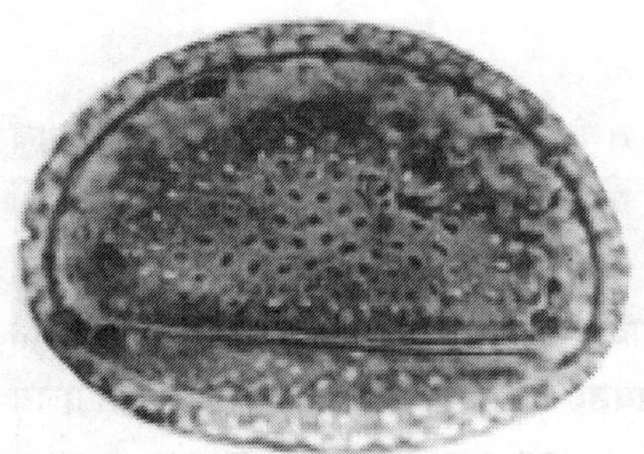

चित्र-33

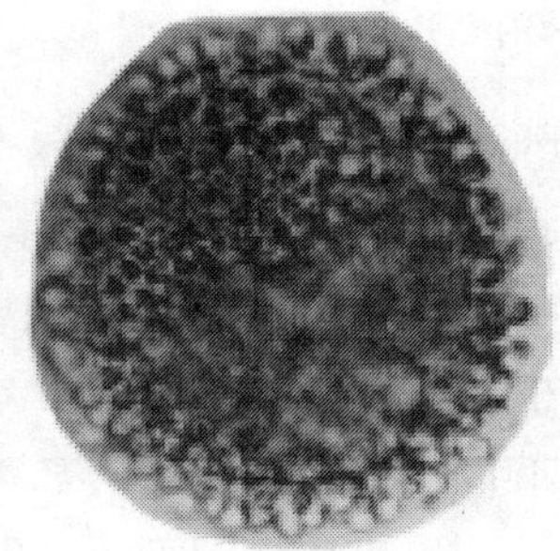

चित्र-34

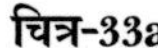

चित्र-33a

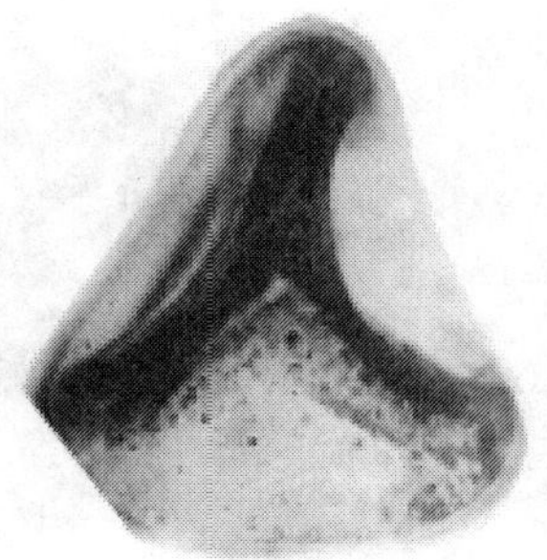

चित्र-34b

परागकणों के जीवाश्मों की सहायता से आयु जानने के पश्चात् देश-विदेश के शैल-स्तरों का अनुक्रम एवं समन्वय किया जा सकता है। यदि शैल-स्तर समुद्र के समीप थे तो उसका पता भी परागकणों से किया जाता है। इसकी सहायता से बहुत प्राचीन सामुद्रिक तत्त्वों का पता चल सकता है। उस समय वातावरण एवं जलवायु कैसी थी उसका भी परागकणों द्वारा अनुमान लगाया जा सकता है। कोयले की खोज में परागकणों के जीवाश्म बहुत ही महत्त्व रखते हैं। इसका सबसे अधिक प्रयोग तेल एवं प्राकृतिक गैसों के अनुसंधान में किया जाता है।

पुरापरागकण विद्या (Palaeo palynology) की चर्चा पृथ्वी के हर कोने में चर्चित है। ऐसा अनुमान लगाया जाता है कि पुराजीव विद्या का लगभग 75 प्रतिशत कार्य परागकण विद्या के अध्ययन से ही होता है।

अपृष्ठवंशी प्राणी

प्रीकैम्ब्रियन कल्प के अन्त के शिला-स्तरों में कुछ जीवाश्म पाए गए जो कोमल देही जीवों के चिह्न या चलने-फिरने की निशानी हैं। प्रीकैम्ब्रियन के अन्त में ऐडियाकारान महायुग में प्राणियों की त्वचा में कुछ प्रतिरोधी आवरण बने। इसी समय के ऐडियाकारा युग के कुछ जीवाश्म प्राप्त हुए। भारत में इस प्रकार के जीवाश्म 1973 में उत्तर प्रदेश के रुद्रप्रयाग अंचल से प्राप्त हुए। हाल में हिमालय के क्रोल व ताल शिला संघ में एवं उत्तर प्रदेश के विन्ध्य शिला संघ में इसके जीवाश्म मिले।

आदिम प्राणी अथवा Protozoa ही पृथ्वी का सबसे प्राचीन प्राणी है, ऐसा माना जाता है। अधिकांश प्राणियों में कोई कठोर आवरण नहीं था, इसलिए इसके जीवाश्म प्राप्त नहीं हो पाते। कुछ-कुछ प्राणियों के शरीर में कठोर आवरण एवं जटिल संगठन मिलते हैं। इसमें है फोरामिनिफेरा रेडियोलेरिया, टिंटिनिड। इनमें से बहुत सारे आज भी जीवित हैं। जीवाश्म अध्ययन में फोरामिनिफेरा की एक महत्त्वपूर्ण भूमिका है। इसका इतिहास बहुत ही लम्बा है। कैम्ब्रियन से लेकर आज तक यह चले आ रहे हैं तथा खनिज तेलों के बीज में यह बहुत ही उपयोगी है।

स्पंज (Sponge), प्रवाल (कोरल), ब्रायोजोआ इत्यादि प्राणियों के जीवाश्म प्रचुर मात्रा में मिलते हैं। पेलिओजोइक कल्प एवं मीसोजोइक के ट्रायसिक महायुग से एक विचित्र जीवाश्म मिले हैं। यह दिखने में दाँत जैसा है। इसका नाम कोनोडंट है। कवचयुक्त व सीपी जातीय प्राणियों का इतिहास भी सुदीर्घ है। यह गैस्ट्रोपोड पर्व के अन्तर्गत है। इसके जीवाश्म भी बहुत मात्रा में पाए जाते हैं। सिफेलोपोडा नामक एक प्राणी भी बहुत उल्लेखनीय है। इससे विभिन्न स्तरों की आयु का पता चलता है। इकाइनोडर्मेटा या समुद्री बिच्छू (चित्र 16, 17, 18 व 19 देखे) भी अहम भूमिका निभाते हैं। इसके जीवाश्म कई प्रकार के होते हैं। इसके शरीर का कठोर आवरण एवं विचित्र संगठन खोजकर्ताओं को आकर्षित करते हैं। कोई-कोई सोचते हैं कि इसी समय के 'कारपोयड' प्राणियों से केशरुकीय या पृष्ठवंशी प्राणियों का विकास हुआ। परन्तु आर्थोपोडा या संधिपद सबसे आश्चर्यजनक है। इस पर्व के ट्राइलोबाइट जीवों का शरीर बहुत ही सुगठित होता था। परन्तु कैम्ब्रियन से लेकर परमियन तक ही इसका विस्तार है। बहुतों का सोचना है कि कैम्ब्रियन से पहले भी यह उपस्थित थे। कीट-पतंगे भी इसी समय के ही प्राणी हैं। ओस्ट्रोकोड नाम का जीव भी इसी समय का है। इसी प्रसंग में ग्रेप्टोलिथिना की आलोचना न होने पर प्रसंग अधूरा रह जाएगा। इस प्रकार के कोई भी प्राणी आज जीवित नहीं हैं। यह भी आदि पेलिओजोइक कल्प का है। इसके अन्तिम जीवाश्म डिवोनियन शिला-स्तर से मिले हैं। कुछ मेरुदंडीय 'कशेरुकी' प्राणियों के साथ इनकी समानताएँ हैं (चित्र 35)।

अपृष्ठवंशी इन प्राणियों के लाखों-लाख प्रजातियों के जीवाश्म मिले हैं। जीवाश्मों में 80 प्रतिशत अकशेरुकी प्राणियों का ही है।

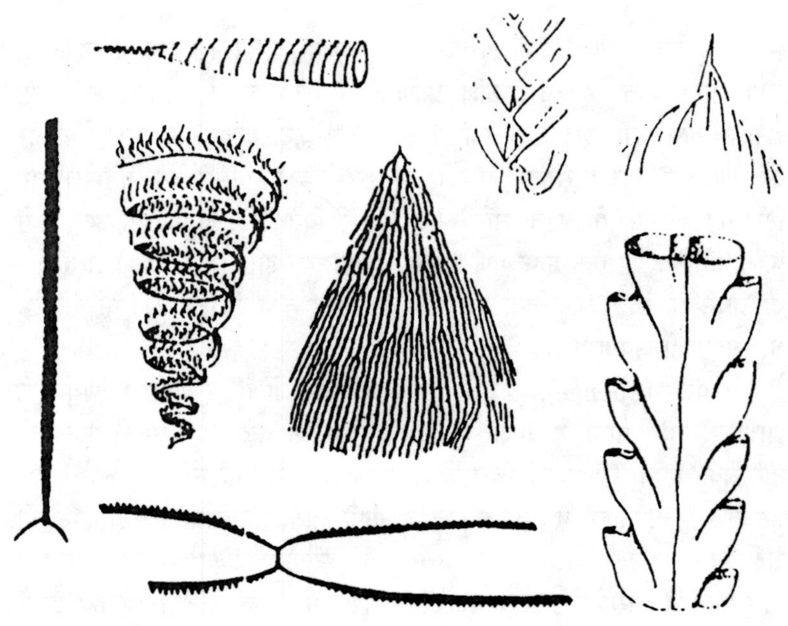

चित्र-35 : ग्रेपटोलाइट जीवाश्म

पृष्ठांगी प्राणियों का आगमन

पहले ही बताया गया कि 'कारपोयड' जातीय समुद्री बिच्छू से सम्भवतः पृष्ठवंशीय जीवों का विकास हुआ था। इस सन्दर्भ में निश्चित रूप से कुछ कहना अभी भी सम्भव नहीं है। हालाँकि आर्डोवीशियन महायुग से ही प्रथम पृष्ठवंशी प्राणियों के जीवाश्म मिले हैं। इसके प्रधान प्रथम पृष्ठवंशियों का इतिहास लगभग जाना गया है एवं जीवाश्मों की सहायता से इनकी खोज का प्रयास एक जासूसी कहानी जैसा है।

पृष्ठवंशी प्राणियों को पाँच भागों में बाँटा गया है—मत्स्य, उभयचर, सरीसृप, पक्षी एवं स्तनधारी। जल व थल एवं वायु में ये विराजमान हैं।

जल में कशेरुकीय प्राणियों में मत्स्य सर्वप्रधान है (चित्र 36)। ऐग्नेथा वर्ग में जबड़ा रहित मत्स्य ही पृथ्वी का प्रथम पृष्ठवंशी या कशेरुकीय प्राणी है। पेलिओजोइक कल्प में इसके शरीर पर कठोर आवरण या कवच था। इनमें से

अधिकांश पेलिओजोइक के अन्त तक विलुप्त हो गए। जबड़ा रहित मत्स्य जल-तली में स्थित कीचड़ खाते थे। इस कीचड़ में जो भी छोटे-मोटे जीव या जैविक पदार्थ होते थे वही इसका भोजन था। जबड़ों का उद्भव एवं विकास पृष्ठवंशी प्राणियों में एक अहम घटना है ताकि यह प्राणी विभिन्न परिवेश में भी जीवित रह सके।

चित्र-36 : जुरासिक महायुग की मछली का जीवाश्म।

कठोर आवरणयुक्त प्लैकोडर्म मछलियों एवं मगरमच्छों का विकास हुआ। डिवोनियन महायुग में अस्टिकथिस या कठोर अस्थियुक्त मछलियों का उद्भव हुआ। प्रथम अवस्था में यह मछलियाँ नदी-नालों के शुद्ध जल में रहती थी। बाद में ये सागर में जा पहुँचीं। टर्शिअरी (तृतीयक) में बहुत सारी उन्नत प्रकार की मछलियों की उत्पत्ति हुई। आजकल मछली प्रजातियों की संख्या 30 हज़ार से भी अधिक है। सारकोप्टेरिजियाई या लोब-फिन मछलियों की उत्पत्ति एवं विकास डिवोनियन महायुग में हुई। इनके गले में हवा की थैली जुड़ी हुई थी। इस हवायुक्त थैली का गठन एवं उपयोगिता युग-युग में बदल रही है। आधुनिक कठोर अस्थि वाली मछलियों में हवा थैली का उपयोग मूलतः तैरने के लिए होता था, परन्तु लोब-फिन मछलियाँ हवा की थैली को श्वसन के लिए

ही प्रयोग करती थीं। इसी से फेफड़े युक्त मछलियों का विकास हुआ जिससे बाद में उभयचर प्राणी बने। फेफड़े के अतिरिक्त इसके पंख भी चलने-फिरने के लायक, मांसयुक्त हुए। डिवोनियन के अन्त एवं कार्बोनिफेरस में लोब-फिन मछलियाँ काफी समय भूमि पर गुजारती थी। यही आदि उभयचर प्राणी है (चित्र 37)।

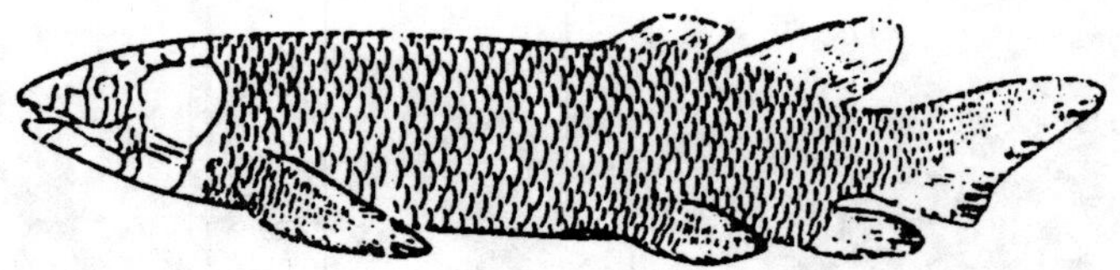

डिवोनियन लांगफीश-डिपटेरस

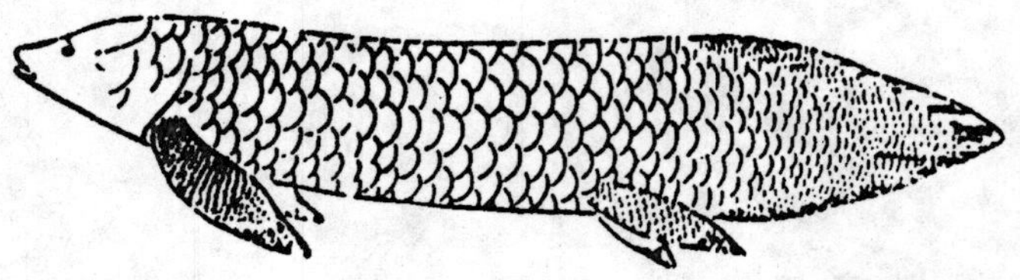

वर्तमान में पाई जाने वाली ऑस्ट्रेलियन लांग-फीस

परमियन महायुग का उभयचर–एरिअपस्

चित्र-37

उभयचर प्राणी भूमि पर श्वसन प्रक्रिया में सफल हुए। लेकिन भूमि पर चलने-फिरने या रहन-सहन में सक्षम नहीं बन सके। प्रजनन क्रिया के लिए इसे जल में ही जाना पड़ता था। यह नियम अभी भी चला आ रहा है। परन्तु सरीसृपों को यह समस्या नहीं हुई। इसमें कुछ जल में रह गए, जैसे–इक्थियोसॉर्स जीव। आज भी कछुआ, मगरमच्छ एवं कुछ साँप जल में ही जीवन व्यतीत करते हैं। सरीसृपों से पक्षियों का उद्‌भव हुआ। इनकी भी कुछ प्रजाति जल में भी निवास करती हैं, जैसे–पेंगविन। जलचर प्राणियों में स्तनधारी व्हेल ही प्रधान है।

भयानक एवं शक्तिशाली प्राणी

भयानक एवं विशाल सरीसृप जीव डायनासोर्स है। ग्रीक में 'डेइनोस' शब्द का अर्थ है भयानक (हिंसक) और 'सॉर्स' का अर्थ गिरगिट या उसके समान प्राणी। इसलिए डायनासोर्स का अर्थ भयंकर गिरगिट है।

डायनासोर्स सरीसृप श्रेणी तथा आर्कोसोरिया उपश्रेणी के अंतर्गत है। इसको दो भागों में बाँटा गया है–सरिस्किया व आर्निथिस्किया। सरिस्किया में श्रेणी चक्र के हड्‌डी की बनावट दूसरे सरीसृपों जैसी सरल है। इसकी प्यूबिस (Pubis) हड्‌डी सामने की ओर झुकी हुई है। दूसरे में प्यूबिस की हड्‌डी सामने की ओर उठी है, जैसा पक्षियों में पाया जाता है।

(क) सरिस्किया वर्ग के डायनासोर्स : इनमें थेरोपोड डायनासोर्स है। टाइरैनोसॉर्स, एलोसॉर्स भी हैं। यह मांसाहारी थे। इसके अतिरिक्त सरोपोड गोष्ठी, जो विशालकाय डायनासोर्स में थे, इनमें कोई-कोई 80 से 90 फीट लम्बे एवं वजन में 60 टन तक हुआ करते थे। इनमें प्रधान था डिप्लोडोकस तथा ब्रांटोसॉर्स। यह शाकाहारी थे तथा चेहरे से दानव जैसे प्रतीत होते थे।

(ख) आर्निथिस्किया वर्ग के डायनासोर्स : यह विशुद्ध शाकाहारी थे। चेहरे से भी यह सरोपोड जैसे भयानक नहीं थे (चित्र 38)। हालाँकि सरोपोड डायनासोर्स से अधिक विचित्र थे। असल में विशालकाय मांसाहारी सरोपोड के दबाव से मजबूर होकर इन्होंने कई प्रकार के अंगों को विकसित किया। इस प्रजाति को चार भागों में बाँटा गया–

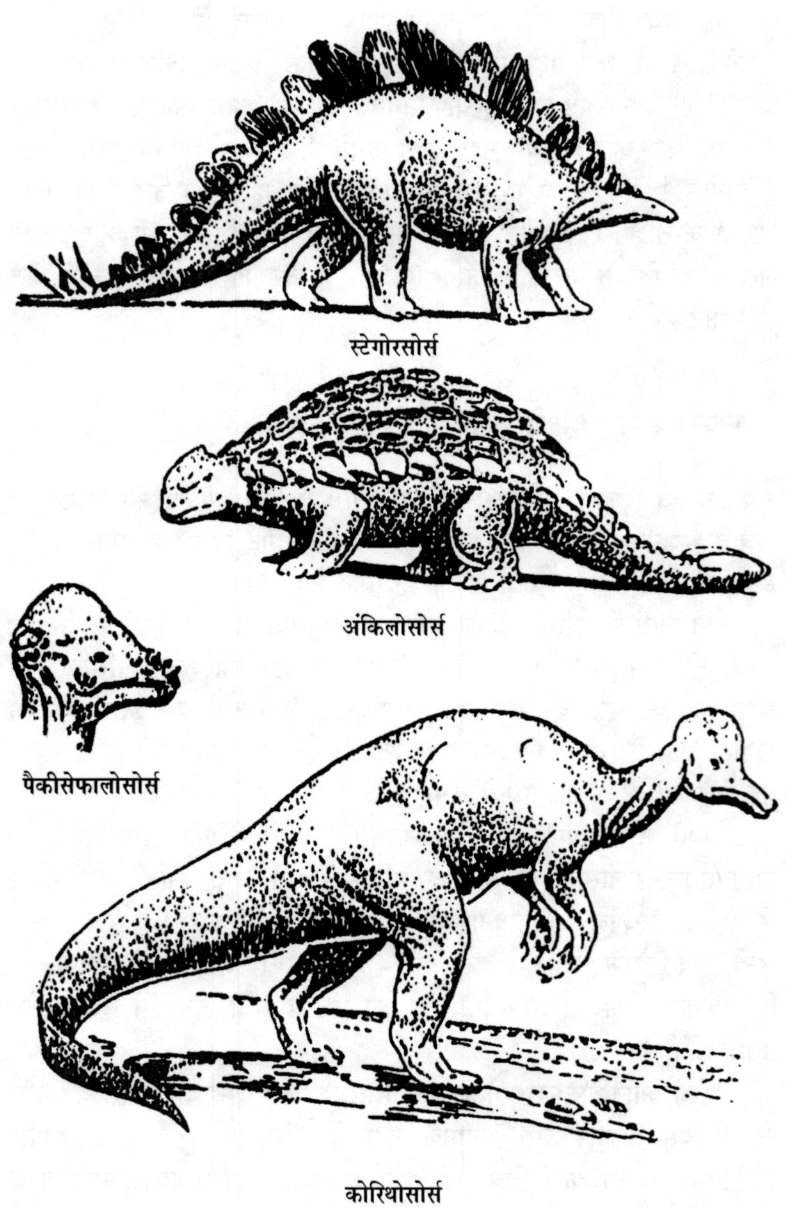

चित्र-38 : ऑर्निथिस्कियन वर्ग के कुछ डायनासोर

1. आर्निथोपोड जातीय : इन डायनासोर्स में हंस जैसी चोंच हुआ करती थी। इसकी करोटि में परिवर्तन हुए तथा नाक के विचित्र गठन से इसमें घ्राण (सूँघने) की शक्ति बढ़ गई। नाक से निकली विचित्र आवाज़ से वह अपने साथी को भी बुला सकते थे।

2. स्टेगोसॉर्स जातीय : यह चार पैरों पर चलने वाले, छोटे सिर युक्त डायनासोर्स थे। पीठ पर पंक्तियों में खड़े रूप में हड्डियाँ सजी हुई थीं। डायनासोर्स की ये प्रजातियाँ बहुत ही अल्प समय के लिए बची थीं। जुरासिक महायुग से लेकर क्रिटेशियस के प्रथम चरण तक यह विलुप्त हो गए।

3. अंकिलोसॉर्स जातीय : इस जाति के डायनासोर्स के सारे बदन में हड्डी जैसा कठोर आवरण हुआ करता था। शत्रु के आक्रमण के समय यह लेट जाते थे, और कोई भी इसे हानि (नुकसान) नहीं पहुँचा सकता था।

4. ट्राइसिराटोप : इसके सिर पर तीन लम्बे सींग थे और गर्दन में कठोर आवरण। यह लम्बाई में 25 फीट तक हुआ करता था और इसका वजन 6 मीट्रिक टन तक होता था। क्रिटेशियस के प्राथमिक भाग में इसका उद्भव हुआ और 10 से 13 तक उसकी प्रजातियाँ थीं। उत्तरी अमेरिका में इसका विस्तार हुआ। मंगोलिया में भी इसके बहुत से जीवाश्म मिलते हैं (चित्र 38)।

ट्रायसिक महायुग से ही डायनासोर्स का उद्भव हुआ। मध्य एवं ट्रायसिक के अन्त तक यह प्रधान सरीसृपों में थे। जुरासिक एवं क्रिटेशियस में इनका पृथ्वी पर प्रभुत्व था। सरिस्किया एवं आर्निथिस्किया ये दोनों ही लगभग एक ही समय में दक्षिण अफ्रीका एवं दक्षिण अमेरिका में रहते थे। शीघ्र ही ये उत्तर दिशा में चल पड़े और यूरोप तथा उत्तरी अमेरिका में फैल गए। भारत में भी बहुत प्रकार के डायनासोर्स के जीवाश्म मिले हैं।

डायनासोर्स की असंख्य प्रजातियों ने प्रायः 16½ करोड़ वर्ष तक पूरे पृथ्वी पर प्रभुत्व स्थापित किया। विभिन्न प्राकृतिक वातावरण में उनके अंगों में बहुत सारे परिवर्तन हुए। परन्तु यह विकास की चरम सीमा पर पहुँचकर भी पृथ्वी से विलुप्त हो गए।

डायनासोर्स की उत्पत्ति के बाद इनका आकार बढ़ने लगा। यह कैसा परिवर्तन है? विशालकाय डायनासोर्स किस काम आया? 1940 के आसपास कोलवर्ट एवं उसके सहयोगी वैज्ञानिकों ने इसी प्रश्न का उत्तर खोजा था। उन्होंने पाया कि शरीर के आकार के साथ शरीर के ताप का एक विशेष समन्वय है।

छोटी आकृति के प्राणी शीघ्र ही ताप ग्रहण करने में सक्षम होते हैं तथा उसे जल्द ही उत्सर्जी करने में भी सक्षम हैं। विशाल आकृति के प्राणियों में ताप धीरे-धीरे कम होता है।

ट्रायसिक महायुग में पृथ्वी शुष्क एवं गरम थी। इसकी जलवायु में भी आर्द्रता कम थी। यह अवस्था मध्य जुरासिक तक चली। जुरासिक के अन्त से क्रिटेशिअश के प्रथम चरण तक जलवायु थोड़ी ठंडी थी। लेकिन मध्य एवं क्रिटेशिअस के अन्त में फिर बहुत ही गरम हो गई थी। डायनासोर्स के आकार की वृद्धि में यह वातावरण बहुत ही सहायक थे। इसके अलावा विशालकाय देह होने के कारण शत्रु इससे घबराते थे। टाइरैनोसॉर्स से एंलोसॉर्स 60 से 100 फीट तक लम्बे थे। इसमें सबसे अधिक विशालकाय डिप्लोडोकस एवं ब्रोंटोसॉर्स थे। चतुष्पद प्राणियों में यही सबसे विशालकाय थे।

मांसाहारी थेरोपोडस के प्रभुत्व के कारण कुछ डायनासोर्स शाकाहारी बन गए। इसका स्वभाव भी कोमल प्रवृत्ति का था इसलिए यह प्रजाति मांसाहारियों का भोजन बन गए। इसके फलस्वरूप आर्निथिस्किया वर्ग में कई परिवर्तन दिखाई पड़े। स्टेगोसॉर्स की पीठ में कशेरुकदंड (Vertebrae) के दोनों ओर हड्डियों के कठोर आवरण दिखाई दिए। ये हड्डियाँ अन्दर से खोखली थीं। ऐसा प्रतीत होता है कि प्रातःकाल में यह सूर्य से ताप ग्रहण करते थे और बाद में धीरे-धीरे उसका परित्याग कर देते थे। क्या ये आत्मरक्षा के लिए भी उपयोग करते थे? इस आर्निथिस्कियन प्रजाति का अंकिलोसॉर्स एक चलायमान ट्रैक था। शत्रु के आक्रमण के समय यह लेटकर सुरक्षित हो जाते थे। इसलिए इन प्राणियों का सिर एवं गला शत्रुओं का लक्ष्य (निशाना) बन गया। इसके फलस्वरूप इनके शरीर पर नए परिवर्तन देखे गए। पैकिसेफेलोसॉर्स के सिर में कुछ ऊँची-ऊँची हड्डियाँ दिखाई दीं। प्रोटोसेरटप्स के कंधों में भी हड्डियों के कठोर आवरण बन गए और ट्राइसेराटोप्स में केवल हड्डियों का आवरण ही नहीं बल्कि कपोल में तीन लम्बे नुकीले सींग भी दिखाई दिए।

ऐसे परिवर्तन की क्षमता प्राणियों में कम ही दिखाई पड़ती है। क्रिटेशिअस के अन्त में इनकी विलुप्ति एक आकस्मिक प्राकृतिक घटना से हुई। अन्यथा पृथ्वी का इतिहास कुछ दूसरे प्रकार का ही होता।

डायनासोर्स के विलुप्त होने का जो भी कारण दर्शाया गया हो उसमें कुछ प्रमाणों का अभाव भी है। हालाँकि 1970 तथा 1980 के मध्य एक-दो नए तथ्यों के बारे में बताया गया जो सोचने योग्य हैं।

विलुप्ति के कारणों के बारे में कुछ विचार करना भी आवश्यक है–

1. डायनासोर्स युग के शेष चरण में अर्थात् क्रिटेशिअम महायुग में फूलदार उद्भिद पृथ्वी पर छा गए। इसके लिए फर्न जातीय उद्भिद बहुत कम हो गए। शाकाहारी डायनासॉर्स के भोजन में फर्न के तेल की कमी होने से इसके मल सुचारु रूप से बाहर नहीं आ पाए और यह धीरे-धीरे मर गए। शाकाहारी डायनासोर्स का विनाश होने के कारण मांसाहारी डायनासोर्स भी कम होने लगे तथा इनकी संख्या भी बहुत कम हो गई।

   यह तथ्य निःसंदेह ही हास्यास्पद है।
2. पहले ही बताया जा चुका है कि क्रिटेशिअम के अन्तिम चरण में फूलदार उद्भिदों का बहुत प्रसार हुआ। फूलों में उपस्थित परागकण से डायनासोर्स को पोलेन एलर्जी एवं सर्दी-जुकाम व ज्वर होने लगे, तथा यह मर गए।

   यह तथ्य भी मजेदार है।
3. प्लेग जैसी किसी महामारी के कारण डायनासोर्स विलुप्त हो गए।

   इस बात में भी एक नई चीज़ है, परन्तु प्रमाण की कमी है।
4. आँखों में मोतियाबिंद होने से डायनासोर्स मारे गए।

   किन्तु मोतियाबिंद क्यों हुई, इसका कोई भी प्रमाण नहीं मिला।
5. चूहा (Rat) जातीय कोई प्राणी डायनासोर्स के अंडे खा जाते थे, इसलिए इनका विनाश हो गया।

   कितने चूहे वर्ष में कितने अंडे खाते थे? इसका एक हिसाब इस सन्दर्भ में आवश्यक है। चूहा केवल डायनासोर्स के अंडे ही क्यों खाएगा? जबकि इसने घड़ियाल, कछुए और दूसरे सरीसृपों के अंडों को छोड़ दिया?
6. डायनोसॉर्स इतने विशालकाय हो गए कि अपने शरीर का सन्तुलन खो बैठे।

   जीवाश्मों के अध्ययन से यह पता चला है कि विशाल डायनासोर्स की गोष्ठी क्रिटेशिअस के अन्त से बहुत पहले ही विलुप्त हो गई। इसके बाद भी जो बचे थे उनका शरीर क्रमशः विशालकाय होने का प्रमाण नहीं मिला। इसके अलावा बहुत छोटे-छोटे डायनासोर्स के जीवाश्म भी क्रिटेशिअस के अन्त तक मिले हैं।

7. क्रिटेशिअस के प्रथम भाग में हिप्सेलोसॉर्स के अंडों के जो जीवाश्म मिले हैं उसके कवच या खोल (Shell) पतले हैं। कोई-कोई कहते हैं कि अंडे के कवच पतले होने के कारण डायनासोर्स का विनाश हो गया। किन्तु खाल (कवच) पतला होने के कारण बच्चे को निकलने में बाधा कहाँ है? किसी-किसी क्षेत्र में पतले खाल वाले अंडे मिले हैं तथा भ्रूण या बच्चे निकलने का प्रमाण भी मिलते हैं।
8. ऐरबेन नामक एक वैज्ञानिक ने 1970 में देखा कि क्रिटेशिअस महायुग के सरीसृपों में अंडों के खाल (कवच) काफी मोटे हैं। ऐसी घटनाएँ आजकल मुर्गियों के अंडे में भी दिखाई पड़ती हैं। अंडे के खाल में कैल्सियम जमने से यह गड़बड़ी होती है। अंडे के खाल जब भारी हो जाते हैं तो O_2 एवं CO_2 के आदान-प्रदान में बाधा उत्पन्न होती है। इन्हीं कारणों से भी डायनासोर्स की मृत्यु सम्भव है।
   यह घटना सरीसृपों के अंडों के साथ क्यों नहीं घटी? इस प्रश्न का उत्तर न मिलने से इस प्रकार के व्याख्यान मानना मुश्किल है।
9. 1970 में जो नई बात उभरकर सामने आई वह ज्वालामुखी के विस्फोट के कारण है। क्रिटेशिअस के अन्त में ज्वालामुखी का सक्रिय होना प्राणियों के लिए एक बड़ी घटना थी। इसका प्रमाण रॉकी पर्वतमाला में और दक्षिण भारत में 'डेक्कन ट्रैप' नाम के आग्नेय शिला के विस्तार में है। ज्वालामुखी की सक्रियता से बहुत सी गैस और जहरीले पदार्थ वातावरण में छा गए। यह पृथ्वी में रहने के योग्य नहीं रहे तथा कुल जीव भयभीत हो गए। इस युग में अधिकांश जीव-जातियाँ नष्ट या लुप्त हो गईं। डायनासोर्स भी इसी में शामिल थे।

यह घटना सोचने योग्य है। हालाँकि अन्त में जो तथ्य सामने आए वे यहाँ उल्का पिंडों के पृथ्वी पर आघात के फलस्वरूप प्रकृति में विनाश (तबाही) हुआ। इस दृश्य की कल्पना की जा सकती है।

क्रिटेशिअस के अन्त में 10 किमी. व्यास का एक उल्का पिंड विपुल (तीव्र) वेग से पृथ्वी पृष्ठ से टकराया। यह शायद मैक्सिको के युकार्टन अंचल में हुआ था। इस आघात का परिमाण समस्त पृथ्वी में जितना परमाणु बम है, उससे 10 हजार गुणा अधिक था। इससे बहुत ही बड़ी दरार पैदा हुई। 21,000 क्यूबिक किलोमीटर का वस्तु-पुंज इस दरार से बाहर निकला।

इस महाघात से समुद्र में उथल-पुथल आया। 75 से 90 मीटर तक ऊँची समुद्री लहर (तरंग) तट से टकराई। यह 'सुनामी' स्थल भाग के कई हज़ार किलोमीटर तक पहुँचे और इन स्थानों के उद्भिद एवं प्राणी नष्ट हो गए।

जो धूल कण अंतरिक्ष में चले थे, उन्होंने धीरे-धीरे पृथ्वी के वायुमंडल में प्रवेश किया एवं उसमें ताप की मात्रा कई सौ डिग्री सेल्सियस तक हो गई। इसके कारण व्यापक अरण्यकांड का प्रारम्भ हुआ और पेड़-पौधे सब समाप्त हो गए। डायनासोर्स की शेष गोष्ठी ट्राईसेरटोप्स एवं टाइरैनोसॉर्स पृथ्वी से लुप्त हो गए।

जैसे भी हो आकस्मिक प्राकृतिक विनाश के अलावा पृथ्वी से डायनासोर्स के सामूहिक विलुप्ति की व्याख्या नहीं की जा सकती है। प्रतिकूल वातावरण ने डायनासोर्स को इस पृथ्वी से विलुप्त होने पर मजबूर (बाध्य) किया।

नाना कारणों से आजकल डायनासोर्स काफी लोकप्रिय हैं। जिन बच्चों ने अभी लिखना-पढ़ना शुरू किया है। वे भी डायनासोर्स के एक-दो नाम आसानी से बता सकते हैं। वास्तव में डायनासोर्स हमारी कल्पना जगत् का एक अहम हिस्सा बन गए। इसका विशाल शरीर, अद्भुत चेहरा, अकल्पनीय शक्ति, इसकी आयु सभी लोगों को आश्चर्यचकित करता है। इसका दूसरा कारण भी हो सकता है। विशाल देह विक्रमशाली प्राणी एक प्राकृतिक परिवर्तन से अचानक लुप्त हो गया जैसे महाभारत में कर्ण। उदारचित्त, प्रबल पराक्रमी वीर परन्तु भाग्य के आगे असहाय एवं पराजित हुआ। विभूति भूषण (बंगाल के लेखक) के शब्दों में ''मानव के आँसू में कर्ण हमेशा जीवित रहेगा।'' मानव सहानुभूति से डायनासोर्स को याद करते हैं।

वह पक्षी कहाँ गए?

पृथ्वी में प्राण का संचार 350 करोड़ वर्ष पूर्व हुआ था। काल के प्रवाह में जीवों में रूपान्तरण, विलुप्ति एवं परिवर्तन के चलते आज की अवस्था तक आ पहुँचे। लगभग कठोर आवरणयुक्त प्रजातियों की सृष्टि 60 करोड़ वर्ष पहले हुई तथा उस समय सरल जीवों का उद्भव हुआ था। उसके जीवाश्म शिला-स्तरों में सुरक्षित हैं। जीव जगत् की यह आदिम अवस्था प्रायः 37 करोड़ वर्ष तक

चलती रही। इसको पुराजीव के अध्याय के रूप में भू-वैज्ञानिक मानते हैं। इस कल्प के मध्य में सिल्यूरियन महायुग के अन्त में प्रथम कशेरुकीय प्राणी मछलियों का उद्भव हुआ। आज से 40 करोड़ वर्ष पूर्व यह घटना घटी थी। समुद्र तल के ऊपर-नीचे होने के फलस्वरूप जल का आयतन बढ़ता-घटता रहा। जब जल घट गया तो कुछ मछलियों ने भूमि पर आने की चेष्टा की एवं इसी से धीरे-धीरे फेफड़ेयुक्त मछलियों का विकास हुआ। उभयचर प्राणियों के साथ-साथ कुछ उद्भिद भी समुद्र से भूमि पर आ पहुँचे। इतने दिनों में आदिम शैवाल में प्रकाश संश्लेषण क्रिया के फलस्वरूप O_2 गैस जल एवं स्थल में काफी मात्रा में उत्पन्न हो गई। वायुमंडल में O_3 गैस का आवरण भी तैयार हुआ। इस O_3 (ओजोन) गैस के कारण पराबैंगनी किरणें पृथ्वी पर नहीं पहुँच पाईं, जिससे पृथ्वी जीवों के रहने योग्य हो गई। इन उभयचरों से सरीसृपों का विकास हुआ। यह घटना कार्बोनिफेरस महायुग में आज से लगभग 35 करोड़ वर्ष पूर्व हुई थी।

प्रतिकूल वातावरण से संघर्ष की अत्यधिक क्षमता सरीसृपों में थी। अधिकतम सरीसृप ने जल एवं स्थल में बहुत वर्षों तक अपना प्रभुत्व बनाए रखा। इसके बाद वायु में अपना विस्तार किया। कुछ-कुछ सरीसृपों ने आसमान में उड़ना सीख लिया। ऐसी कल्पना की जाती है कि पेड़ों की ऊँची डाल पर पहाड़ों की चोटियों से उतरते समय यह सरीसृप पैराशूट की तरह ग्लाइड करना सीखे। न्यूज़ीलैंड की उड़ने वाली गिलहरियों टेरोमिस की तरह ही यह एक पेड़ से दूसरे पेड़ तक उड़ते थे। पहाड़ों की चोटियों पर भी यह इसी प्रकार उड़ते थे। इस कारण इनमें कुछ परिवर्तन आया और यह उड़ने वाले पंखयुक्त सरीसृप बन गए। इस प्रकार में टेरोसॉर्स (Pterosaur) जाति का रॅम्फोरिंकस (Ramphorynchus) का जीवाश्म जुरासिक महायुग के अन्त में प्राप्त हुआ। इसकी आयु लगभग 15 करोड़ वर्ष है। इसकी उत्पत्ति थेकोडोंट सरीसृपों से हुई थी। इसके सामने के दो पैर परिवर्तित होकर पंखों में रूपान्तरित हो गए।

छाती की पसलियों में ऐसे मांस जुड़ गया, जो उड़ने में सहायक हो। उड़ने की सुविधा के लिए इन प्राणियों की हड्डियों में भी परिवर्तन आया। हड्डियाँ खोखली हुईं तथा दाँत धारयुक्त एवं नुकीले हो गए। शरीर में निकली हुई त्वचा एक पर्दा या membrane पंख के आकार में परिवर्तित हो गई। सामने के पैर और पंजेदार अंगुलियों के बलबूते से इनके पंख और भी मजबूत

हो गए। जो लोग एयर मॉडलिंग करते हैं, वह इन सरीसृपों के उड़ने की प्रशंसा करते हैं। इसकी दूसरी अंगुलियों में नुकीले घुमावदार नाखून थे जिससे पेड़-पौधे को पकड़ने या झूलने में इनको सहायता मिलती थी। रॅम्फोरिंकस में पंख सामने के पैर और बड़े हुए जो चौथे अंगुली के मध्य में सीमित थे। और तीन नाखून वाली अंगुली सामने की ओर थी। पीछे के हल्के-फुल्के पैर ऐसे जुड़े हुए थे कि यह सामान्य रूप से चल नहीं सकते थे। अगर कोई उड़ने में सक्षम है तो जमीन पर पैदल चलना क्यों चाहेगा?

उड़ने वाले टेरोसॉर्स सरीसृप जीव विभिन्न आकार के थे।

चिड़िया (Sparrow) से लेकर विशालकाय टेरानोडोन (Pteranodon) के जीवाश्म भी मिले हैं। टेरानोडोन की आकृति बड़ी भयानक (डरावनी) थी। पंख फैलाकर उड़ते समय इसका आकार लगभग 22 फीट हुआ करता था। बाद में टेरोडेक्टाइल की पूँछ छोटी हो गई। इनके दाँत भी लुप्त हो गए और चोंच पक्षी जैसी नुकीली हो गई।

आदिम पक्षियों तथा सरीसृपों में बिल्कुल समानताएँ थीं। यह आर्कोसार गोष्ठी के सरीसृपों से बना है, ऐसा प्रतीत होता है। इसलिए इसे अलग नहीं रखा गया। किन्तु दोनों में कुछ भिन्नताएँ भी हैं। जैसे गिलहरी में उड़ने की क्षमता होते हुए भी पक्षियों के उड़ने का कौशल, क्षमता एवं देह में बहुत अन्तर है। पक्षियों के पंख अप्रवाही (Nonconductive) आवरण का काम करते हैं। सरीसृप शीत रुधिर (असमतापी) तथा पक्षी गरम रुधिर (समतापी) वाले जीव हैं। पक्षियों में सामने के पैर पूरी तरह से पंख में परिवर्तित हो गए। इनके पीछे के पैर भी काफी मजबूत तथा चलने-फिरने एवं भागने में सहायक हैं। सभी पक्षियों की चोंच होती है और इनमें दाँत नहीं पाए जाते। पक्षियों में शरीर-पसलियाँ, छिद्रयुक्त हड्डियों तथा वायु से भरी होने के कारण सरीसृपों की तुलना में मजबूत होती हैं।

बभेरिया (वेभेरिया) में 14 करोड़ वर्ष पुराना स्नोयनहोपेन चूना पत्थरों में एक सुन्दर पक्षी का जीवाश्म मिला है। इसका नाम आर्किओप्टेरिक्स रखा गया। इन जीवाश्मों के पंख भी चट्टान बन गए। अगर पंख न होते तो इनको भी सरीसृप ही माना जाता। कौए की आकृति के इस पक्षी की करोटी का गठन आर्कोसॉर्स जातीय सरीसृपों के जैसा है। इनकी लम्बी गर्दन, सुगठित शरीर एवं पीछे की ओर पैर भी लम्बे होने के साथ-साथ मजबूत पूँछ भी थी। इसके जबड़े में कुछ दाँत थे। हर एक पंख में तीन नाखून वाली अंगुलियाँ

और लम्बी दुम थी। इसकी हड्डी अधिक खोखली नहीं थी। इसके सरीसृपों से इतनी समानता होने के पश्चात् भी यह पक्षी सरीसृपों से उत्पन्न हुए थे, ऐसा अनुमान किया जाता है। इसके अतिरिक्त इसकी कमर की हड्डी आर्निथिस्किया डायनासोर्स की तरह थी। इसकी पूँछ सरीसृपों जैसी थी, कशेरुकी की मालाओं जैसी इसकी पूँछ की हड्डियाँ बनी थीं। उसमें पंख भी थे। असल में उड़ने के लिए मजबूत पंख होने के कारण इसे पक्षी की जाति में रखा गया। हालाँकि इसकी करोटि भी सरीसृप से बड़ा था। ऐसा प्रतीत होता है कि उड़ते रहने के लिए जटिल शिराविन्यास बनाने के कारण इसके आकार में वृद्धि हुई।

आधुनिक प्रकार का पक्षी क्रिटेशिअस महायुग के शेषभाग में आज से लगभग 7 करोड़ वर्ष पूर्व आए थे। इसकी करोटि काफी बड़ी होती थी। हड्डियाँ खोखली एवं हल्की थीं। कमर की हड्डियाँ मिल-जुलकर एक ढाँचा बनाती थी। सामने के पैर की हड्डी आज के पक्षी की तरह पंख में रूपान्तरित हो गए थे तथा इनकी पूँछ धीरे-धीरे छोटी होती गई। पसलियाँ वर्तमान पक्षियों की तरह ही मजबूत थीं। क्रिटेशिअस महायुग में कुछ पक्षियों के जबड़ों में एक-दो दाँत भी मिलते थे। क्रिटेशिअस पक्षियों में अधिकांश सामुद्रिक पक्षी ही थे। ऐसा ही एक तैरने वाले सामुद्रिक पक्षी का जीवाश्म कनसास के क्रिटेशिअस शिला-स्तर से मिला है। इसका नाम हेसपरऑर्निस (Hesperornis) रखा गया।

यह सच है कि पक्षियों के जीवाश्म बहुत ही कम पाए जाते हैं। पक्षियों की हड्डियों को खोजना बहुत ही कठिन कार्य है। विशेष रूप से जब पक्षी छोटा हो तो यह काम और भी मुश्किल होता है। पक्षियों की हड्डियाँ खोखली एवं भंगुर होती हैं। जिससे ये जल्द ही टूट जाती हैं या जीवाश्म बनते समय विकृत हो जाती हैं। मांसाहारी प्राणी मरे हुए पक्षी को देखते ही उसे खाकर उसकी हड्डियों को इधर-उधर बिखेर देते हैं। मृत्यु के तुरन्त बाद अगर ये कीचड़ से ढक गए तभी अच्छा जीवाश्म बन सकते हैं। हाल ही में कुछ पक्षियों के जीवाश्म मिले हैं। हालाँकि इसमें (सम्पूर्ण) कंकाल बहुत ही कम हैं। इसके लिए टर्शिअरी (तृतीयक) महायुग के पक्षियों के बारे में हमारा ज्ञान बहुत ही सीमित है। प्लाइस्टोसीन युग में (10 हजार से 1 लाख वर्ष पहले तक) कुछ पक्षियों के सम्पूर्ण जीवाश्म मिले हैं। यह प्राकृतिक अलकतरा (प्राकृतिक चारकोल) में गिरकर संरक्षित हो गए थे।

अभी तक इतनी ही जानकारी थी कि जुरासिक कल्प के प्रथम अवस्था में आज से प्रायः 18 करोड़ वर्ष पूर्व थेकोडेंट गोष्ठी के सरीसृपों से पक्षियों एवं उड़ने वाले सरीसृपों का विकास हुआ था तथा 14 करोड़ वर्ष पहले के आर्किओप्टेरिक्स को ही विश्व का सबसे पुराना पक्षी माना जाता था (चित्र 13 को देखें)। इसका प्रतिवाद बंगाल के एक जीवाश्म वैज्ञानिक शंकर चटोपाध्याय ने किया। 1986 में ये एवं इनके सहयोगी ने पश्चिम टेक्सॉस के छोटे शहर पोस्ट के समीप 21 करोड़ वर्ष पुरानी परमिअन युग की (तलछट या स्तृत) चट्टान से दो पक्षियों के जीवाश्म की खोज की। जीवाश्मों की हड्डियों को एकत्र कर उसे जोड़ने के पश्चात् उन्हें एक वयस्क पक्षी और एक बच्चे की आकृति दिखाई दी। इनकी आकृति कौए जैसी थी। इनके भी दाँत एवं लम्बी पूँछ थी। पूँछ की बनावट कशेरुकी के आकार जैसी बनी थी। इसका नाम उन्होंने प्रोटोएविस (Proto-avis) रखा अर्थात् पृथ्वी के प्राचीनतम पक्षी। (चित्र 20B)। सचमुच इतने प्राचीन शिला-स्तर में पक्षी के अस्तित्व की किसी ने कल्पना भी नहीं की थी।

प्रोटोएविस की हड्डी खोखली, कपाल गुहा में बड़ी-बड़ी आँखों के निशान थे तथा एक बड़ा 'ब्रेनकेस' डॉ. चट्टोपाध्याय के अनुसार–पृथ्वी का यह प्राचीनतम पक्षी सुन सकता था। ये पक्षी अपनी जाति के दूसरे पक्षियों से भावों का आदान-प्रदान करने में समर्थ थे। इसके पंख बहुत ही सुन्दर थे। वनों के अन्दर इसके पंख विपत्ति से रक्षा करने में सहायक होते थे। आर्किओप्टेरिक्स से प्रोटोएविस में पक्षियों जैसे लक्षण अधिक थे।

1998 जुलाई के 'नेशनल जिओग्राफिक पत्रिका' में जेनिफर ऐकारमैन ने चीन के उत्तर-पश्चिम प्रदेश के शिहेइन अंचल से प्राप्त हुए कुछ पक्षियों के जीवाश्मों का विवरण दिया। उस लेख में उन्होंने 1996 में प्राप्त साइनोसरोप्टेरिक्स एवं 1997 में प्राप्त कोडिओटेरिक्स की समालोचना की। इनके अनुसार–डायनासोर्स की विभिन्न प्रजाति विलुप्त नहीं हुई बल्कि कुछ प्रजाति वातावरण में परिवर्तन के साथ धीरे-धीरे पक्षी बन गई।

होशंगाबाद, 5 दिसम्बर, 1982 को जिओलोजिकल सर्वे के एक तरुण, कनिष्ठ वैज्ञानिक सर्दी की धूप में पैदल जा रहे थे। पवित्र नर्मदा नदी टेढ़े-मेढ़े, घूमते-फिरते पूर्व से पश्चिम की ओर बह रही है। उसी नदी के किनारे हाथनोड़ा गाँव है।

यह वैज्ञानिक नर्मदा के किनारे क्वाटरनरी महायुग के शैल-स्तरों से जीवाश्म खोज रहे थे। एक शताब्दी तक के विलुप्त घोड़ा (इक्वस नामाडिकस);

जलहस्ती (हेक्साप्रोटोडोन), गाय (बस नामाडिकस), बुवेलस इत्यादि एवं हाथियों (स्टेगोडोन गणेशा, ऐलिफास नामाडिकस इत्यादि) के बहुत सारे जीवाश्म मिले हैं किन्तु मानव का जीवाश्म?

थियोवोल्ड साहब ने 1889 में नर्मदा के तट पर स्थित रोड़ी में आदि मानव के जीवाश्म के बारे में उल्लेख किया। करोटि का यह जीवाश्म कोलकाता स्थित एशियाटिक सोसाइटी के संग्रहालय में प्रदर्शित हुआ था। अफसोस की बात यह है कि इसका सुचारु रूप से निरीक्षण नहीं किया गया और यह जीवाश्म खो गया। दुर्लभ जीवाश्म खो जाने की यह पहली घटना नहीं थी। पेकिंग मानव के जीवाश्म भी खो गए और डेढ़ लाख डॉलर पुरस्कार की घोषणा करने पर भी यह जीवाश्म आज तक नहीं मिले। 1980 में कैनेडी ने कहा था कि भारत में यह जीवाश्म नर्मदा घाटी से नहीं मिला था। यह असल में उत्तर प्रदेश के किसी एक रोड़ी पत्थरों के स्तरों में से मिला था।

चलते-चलते तरुण वैज्ञानिक सोच रहे थे कि इन रोड़ी-पत्थरों की आयु मध्यप्लास्टोसीन से अर्द्ध प्लीस्टोसीन तक है। यह उस समय स्तनधारी जीवों के रहने का आदर्श स्थान था। इसलिए इधर आदिम मानव के जीवाश्म मिलने की सम्भावना है। वह सोच रहे थे कि इस वर्ष भी खाली हाथ ही लौटना पड़ेगा? अचानक उनकी नज़र एक कछुए जैसे कंकाल (खोल) पर पड़ी। वे छेनी-हथौड़ा लेकर वहाँ खोदने लग गए और धीरे-धीरे रोड़ी-पत्थर हटाकर एक जीवाश्म को निकाला।

वह जीवाश्म को लेकर नागपुर लौट गए। वहाँ के विश्वविद्यालय के जीव विद्या (Zoology) विभाग एवं मेडिकल कॉलेज के शरीर विद्या विभाग में प्राथमिक परीक्षण के बाद उस जीवाश्म को कोलकाता के जिओलोजिकल सर्वे के मूल दफ्तर में ले आए। यहाँ केन्द्रीय पुराजीव विज्ञान प्रयोगशाला में परीक्षण के बाद पता चला कि यह एक आदिमानव की करोटि (सिर) का (Skull cap) जीवाश्म है। (चित्र 15 को देखे)। खोपड़ी (करोटि) काफी मजबूत एवं इसकी हड्डी भारी थी, इससे प्रतीत होता था कि यह एक वयस्क पुरुष की खोपड़ी का जीवाश्म है।

उठी हुई भौंहों की हड्डी, ढाल युक्त माथा, ऊपरी भाग समतल, पीछे का भाग चौड़ा एवं भारी, खोपड़ी की हड्डी इन सबसे अनुमान लगाया जा सकता है कि यह करोटि आदिमानव की ही है। सम्भवतः यह *होमोइरेक्टस* था। आधुनिक मानव *'होमोसैपियन्स सैपियन्स'* की तरह इसका कपोल खड़ा

नहीं है। भौंहों की हड्डी नीची है, माथा समतल तथा आँखों के कोटर लगभग चतुष्कोणीय हैं। *होमोइरेक्टस* एवं अन्य प्रकार के मानव जीवाश्म से इसके मस्तिष्क का आकार अधिक है। (1260 क्यूबिक सेंटीमीटर)। इसीलिए यह इरेक्टस से भी अधिक बुद्धिमान प्रतीत होता है। वैज्ञानिक (श्री अरुण सोनाकिया) ने इसका नाम *होमोइरेक्टस नर्मदाएनसिस* रखा।

इसके नाम का अर्थ है मानव कशेरुकी एवं स्तनधारी प्राणी है। स्तनधारी प्राणियों में मानव वर्ग को सर्वश्रेष्ठ वर्ग (Primate) में रखा गया है। इस वर्ग में मानव के अतिरिक्त बन्दर, कपि चिम्पांजी, लंगूर इत्यादि प्राणी हैं। दूसरे स्तनधारी प्राणियों की तुलना में इसका मस्तिष्क बड़ा होता है। हाथ एवं पैर के अँगूठे समकोण होने से यह वस्तुओं को पकड़ सकता है। आँखों की बनावट एवं दृष्टि दूसरों से अलग है। प्राइमेट्स की उत्पत्ति आज से साढ़े 6 करोड़ वर्ष पूर्व हुई थी।

प्राइमेट पहले पेड़ पर रहते थे। इनमें बहुत सारे निशाचर (रात्रिचर) भी थे। धीरे-धीरे दिवाचर (दिनचर) प्राइमेट भी दिखाई दिए। इनके भोजन के तरीके में भी परिवर्तन दिखाई दिया। केवल कीट-पतंग ही नहीं, पेड़ की पत्तियाँ एवं अनेक फलों को भी भोजन में शामिल किया। यह बादाम खाना भी सीख गए। यह परिवर्तन होने में लगभग 4 करोड़ वर्ष लग गए। इसके बाद कपि या वनमानुषों का उद्भव हुआ। बन्दर, कपि और इससे मिलते-जुलते मानवों को 'ऐन्थ्रोपोइडिया' उपवर्ग में रखा गया।

इस उपवर्ग में वातावरण के अनुसार नई-नई विशेषताएँ दिखाई देती हैं। यह पेड़ पर झूलने या लटकने, एक पेड़ से दूसरे पेड़ों पर कूदकर जाने, पेड़ों से फलों को तोड़कर खाना इत्यादि सीख गए। कोई-कोई भोजन की खोज में भूमि पर चले आए एवं दो पैरों के सहारे से चलने की चेष्टा की। इसलिए सामने के दो पैर हाथों का काम करने लगे। दो पैर पर चलने से एवं हाथों के विभिन्न कामों में प्रयोग करने से इसके शरीर में परिवर्तन हुए। तीव्र बुद्धि और मस्तिष्क का विकास हुआ।

धीरे-धीरे बन्दरों के विभिन्न वर्ग विकसित होना प्रारम्भ हो गए। कपि एवं इससे मिलते-जुलते वर्ग दूसरे प्रकार से चलने लगे। इसके मस्तिष्क का आकार बढ़ने लगा। इनमें पूँछ समाप्त हो गई और इन्हें होमीनीडे (Hominidae) वर्ग में रखा गया।

कपि एवं मिलते-जुलते वर्ग विभिन्न धारा में परिवर्तित होने लगे।

वैज्ञानिकों ने इसका नाम पोंगाइडी या होमिनिड रखा। होमीनाइडी का गठन निम्न रूप से है–

हाइलोवैटिडी	**पोंगाइडी**	**होमिनोयडिया**
गिब्बन	गोरिल्ला	हेमिनिड
	औरंग उटांग	मानब
	चिम्पांजी	

होमिनिडि का क्रम एवं लक्षण इस प्रकार हैं–

होमिनिडि परिवार को विभिन्न श्रेणियों में विभाजित किया गया है। इसकी एक श्रेणी का नाम रामपिथेकस है (भारत से) और दूसरों का नाम केनियापिथेकस है (कीनिया से)। वैज्ञानिक सोचते हैं दोनों अभिन्न हैं एवं इसी से 'ऑस्ट्रेलोपिथेकस' और प्राकृतिक मानव होमो की उत्पत्ति हुई। ऐसा अनुमान लगाया जाता है कि होमोहैबिलिस का उद्भव साढ़े सत्रह लाख (17½) वर्ष पूर्व हुआ। ऑस्ट्रेलोपिथेकस का उद्भव दस से चालीस लाख (10-40) वर्ष पहले हुआ।

हैबिलय प्रथम मानव है जो गृह निर्माण एवं हथियार बनाने (Tool maker) में सक्षम थे। इसके निकट आस्ट्रेलोपिथेकस एवं होमो इरेक्टस भी थे। होमोइरेक्टस सीधे होकर चलने वाले मानव थे। यह कुशल शिकारी थे और इनके हथियार भी काफी उन्नत प्रकार के थे। 2½ से 5 लाख वर्ष पहले होमोसेपियन्स का उद्भव हुआ। हिमयुग में निएंडरथल मानव यूरोप एवं एशिया में रहते थे। 40 हजार वर्ष पूर्व आधुनिक चिन्तनशील मानव होमो- सेपियन्स-सेपियन्स का उद्भव हुआ (तालिका 3)। इनका आज समस्त पृथ्वी पर प्रभुत्व है। यह अपने भाग्य को नियन्त्रित कर सकते हैं। प्रदूषण की सृष्टि करते हैं एवं दूसरे जीवों का विनाश भी करते हैं। यह सृष्टिशील, आत्मविनाशी एवं कदाचित् संरक्षणवादी हैं।

किसी-किसी का अनुमान है कि आधुनिक मानव हिम (बर्फ) युग की सन्तान हैं। हिमयुग के प्रतिकूल वातावरण में इसकी उत्पत्ति एवं विकास हुआ। यह मानना पड़ेगा कि बदलते हुए वातावरणीय दशाओं में भी यही सबसे सामर्थ जीव है। नए-नए आविष्कार से प्रतिकूल अवस्था में भी यह अपने आप को बचाने की क्षमता रखता है।

फिर भी इनका भविष्य क्या इनके हाथों में है?

तालिका 3

एक दृष्टि में आदिमानव से आधुनिक मानव तक की विशेषताएँ

गठनगत विभाग	गोष्ठीगत विभाग	शरीर संस्थान और विशेषताएँ
आधुनिक सेपियन्स गोष्ठी	होमो सेपियन्स सेपियन्स	दाँत और जबड़े का आज का रूप चिबुक है। मस्तिष्क काफी बड़ा (1,000-2,000 cc; औसत 1,300 cc) लाँघने योग्य द्विपद चलन, मुट्ठी के बनावट में शक्ति और परिशुद्धता (प्रस्तर, हड्डी और बाद में धातु अस्त्र/यंत्र, आग का उपयोग।
	हीमो सोपियन्स निएंडरथॅलेनसिस	दाँत इतना आधुनिक नहीं; चिबुक अनुपस्थित, मस्तिष्क बड़ा (1,200-1,600 cc)। अच्छा द्विपद चलन शक्तिमान मुट्ठी, मुट्ठी में कम परिशुद्धता, केवल (प्रस्तर अस्त्र, आग का उपयोग)
मानव दशा	होमो इरेक्टस	अन-उन्नत बड़े-बड़े दाँत। चिबुक अनुपस्थित, छोटा मस्तिष्क (750-1,200 cc)। कदाचित् अच्छे द्विपद, मुट्ठी का पता नहीं; अशोधित प्रस्तर अस्त्र, आग का उपयोग।
आदिमानव दशा	होमो हॅबिलिस	अन-उन्नत बड़े दाँत, चिबुक अनुपस्थित, छोटा मस्तिष्क (लगभग 670cc.) उन्नत द्विपद चलन शक्तिमान मुट्ठी (आदि प्रस्तर अस्त्र बनाने वाला)
अवमानव दशा	ऑस्ट्रेलोपिथेकस अफ्रिकान्स	होमीनिड जैसे दाँत, बहुत छोटा मस्तिष्क (500 cc.), आदिम द्विपद चलन, मुट्ठी अज्ञात। (अस्त्र का व्यवहार या संभवतः आदि अस्त्र बनाने वाले)
आदिम होमीनिड	रामापिथेकस, केनियापिथेकस	होमीनिड जैसे दाँत।

डार्विन का 'अपना सिद्धान्त'

आम धारणा के विपरीत डार्विन (चित्र 39) ने यह संकेत कभी नहीं दिया कि मनुष्य बन्दरों का वंशज है किन्तु सामान्य बुद्धि के मनुष्यों ने इस बात को हँसी ठिठोली का विषय माना और डार्विन को उपहास का पात्र बना दिया। प्रमाण के तौर पर 'हार्नेट' पत्रिका में 22 मार्च, 1871 को प्रकाशित हुए एक व्यंग्यचित्र में डार्विन को कपि (Ape) के अंगों एवं मनुष्य के मस्तिष्क वाला प्राणी दर्शाया गया।

चित्र-39

एच. एम. एस. बीगल नामक समुद्री जहाज पर यात्रा के दौरान प्रकृति एवं जीव-जन्तुओं के गहन निरीक्षण तथा अध्ययन के पश्चात डार्विन को पूरा विश्वास हो चला कि प्रजाति (Species) अपरिवर्त्य (Immutable) नहीं है, इसके विपरीत वे समय के साथ परिवर्तित, तत्वांतरित (Transmutate), तथा आज की परिभाषा के अनुसार विकसित (Evolve) होती रहती हैं। इस प्रकार के विकासात्मक परिवर्तन एक प्रजाति को न केवल उसी प्रकार की दूसरी प्रजाति में परिवर्तित कर देते हैं बल्कि पूरी तरह से पृथक् एक नई प्रजाति

का भी जन्म हो सकता है, जिनका रहन-सहन एवं संरचना पहले की प्रजाति से बिल्कुल भिन्न होंगे। डार्विन ने इस प्रकार के परिवर्तन गलापागस (Galapagos) द्वीप के कुलिंगों (Flnehes), तथा बड़े पैमाने पर, दक्षिण अमेरिका के आर्मांडिलो (Armadillo) जैसे प्राणियों पर देखे। अपने द्वारा संगृहीत नमूनों (Samples) की लगभग नौ महीनों के गहन अध्ययन के उपरान्त जुलाई 1837 में डार्विन ने एक नोट बुक्स की शृंखला की शुरुआत ऐसे विषय से की जिसे उसने 'प्रजातियों का तत्वांतरण' (Transmutation of Species) का नाम दिया। पन्द्रह मास के स्थूल निरीक्षण एवं दिमागी कसरत के पश्चात् डार्विन की समझ में यह आ सका कि तत्वांतरण कैसे होता है। वास्तव में वह 'प्राकृतिक वरण द्वारा विकास का सिद्धान्त' (Theory of Evoluation by Natural Selection) था, जिसे आज जीवविज्ञान का मूलभूत सिद्धान्त माना जाता है। इस सिद्धान्त ने सिगमंड फ्रायड, कार्ल मार्क्स एवं अलबर्ट आइंस्टीन के सिद्धान्तों की तरह मानव मस्तिष्क में क्रान्तिकारी परिवर्तन ला दिया।

डार्विन के विचार से प्रजातियाँ भौगोलिक रूप से एक बहुत बड़े क्षेत्र में दीर्घकाल तक बिना किसी परिवर्तन के रह सकती हैं। उनका प्रारम्भिक अथवा पूर्ण तत्वांतरण तभी सम्भव है जब स्थूल रूप से वे एक दूसरे से अलग हों। ??? के दोनों ओर के क्षेत्रों में एवं विशेष रूप से गलापागस के द्वीप समूह पर यह तत्वांतरण डार्विन ने नज़दीक से देखा। उसने यह महसूस किया कि अलग-अलग क्षेत्र में रहने वाले जीवों के तत्वांतरण हेतु बदले हुए जैविक परिवेश की भी आवश्यकता होती है।

अपने समकालीन अन्य प्रकृति वैज्ञानिकों की भाँति डार्विन ने भी प्राणियों के अपने अस्तित्व के लिए संघर्ष के महत्त्व का अनुभव किया। उसने महसूस किया कि समस्त प्रजातियाँ प्राकृतिक वातावरण में अत्यधिक परिवर्तन के कारण नष्ट हो सकती हैं एवं केवल उन्हीं प्रजातियों की संख्या बढ़ेगी अथवा वंशक्रम चलेगा जिनकी संरचना नए जैविक परिवेश के अनुकूल होगी और जो अपने आपको नए परिवेश में शीघ्रता से ढाल लेंगी। किन्तु 3 अक्टूबर, 1838 तक उसके समक्ष यह समस्या बनी रही कि यह प्रजातियों के तत्वांतरण की क्रियाविधि (Mechanism) को कैसे स्पष्ट करें। उसे समझ नहीं आ रहा था कि वे शानदार क्रियाविधियाँ क्या हैं जिनसे जीव नए परिवेश में स्वयमेव ढल जाते हैं, जैसे–कठफोड़वे का पेड़ पर चढ़ना, कुछ पौधों का अपने बीजों को हवा में

पैराशूट की भाँति फेंककर फैलाना, कुछ पौधों के फलों में पशुओं के बाल पकड़ने के लिए हुक का होना, आदि-आदि। एक दिन विनोदवश माल्थस की पुस्तक (Malthus on Population) पढ़ते-पढ़ते डार्विन के मस्तिष्क में इस समस्या का हल कौंध गया। विचार करने पर वह इस निष्कर्ष पर पहुँचा कि प्राकृतिक चयन (Natural Selection) ही एक ऐसी क्रियाविधि है जो अनुकूल प्रजातियों को बचा सकती है एवं प्रतिकूल प्रजातियों को नष्ट कर सकती है। उसने अपनी नोटबुक में लिखा, ''मुझे कम से कम ऐसा सिद्धान्त मिल गया है जिस पर मैं आगे काम कर सकता हूँ–'मेरा सिद्धान्त'। यद्यपि इस सिद्धान्त के कुछ हिस्से डार्विन के पूर्व भी वैज्ञानिकों के मस्तिष्क में आए थे, तथापि डार्विन ही वह पहला व्यक्ति था जिसने सारी कड़ियों को जोड़कर एकीकृत सिद्धान्त को प्रतिपादित किया।

उसी दिन से डार्विन ने इस सिद्धान्त के पक्ष में प्रमाण इकट्ठे करने शुरू कर दिए। वह बहुत सजग एवं सचेत था। अपने सिद्धान्त को सबल बनाने के उद्देश्य से वह न केवल विभिन्न स्रोतों से और अधिक आँकड़े एकत्र करता गया वरन् उसने जीवों के विभिन्न संघों (Groups) एवं मानव जाति की अनुकूलन प्रकृति (Adaptation Habits) का अध्ययन किया एवं उनके सम्भावित विकासात्मक मार्ग की दिशा पर भी विचार किया।

डार्विन को पूर्ण विश्वास हो चला था कि मनुष्य प्राइमेट्स (Primates) के किसी भिन्नतर रूपभेद से विकसित हुआ है, लेकिन इतने अध्ययन एवं गहन विचारों के उपरान्त भी वह अपने सिद्धान्त को प्रकाशित करने में कोई रुचि नहीं ले रहा था। हालाँकि उसकी इस लापरवाही से उसके मित्र चार्ल्स लायल–एक महान भू-वैज्ञानिक और जोसेफ हुकर–प्रसिद्ध वनस्पतिशास्त्री बहुत खिन्न एवं अधीर हो रहे थे।

और अचानक एक बम फूटा।

यह पत्र डार्विन को अल्फ्रेड वालेस द्वारा भेजे गए एक पत्र के रूप में था। वालेस ने अपने पत्र के साथ एक संक्षिप्त किन्तु पूर्ण वैज्ञानिक लेख भेजा था जो कि डार्विन के अपने प्राकृतिक चयन द्वारा विकास के सिद्धान्त से काफी मिलता-जुलता था। वालेस ने अपने वैज्ञानिक लेख पर डार्विन के विचार जानने की इच्छा प्रकट की थी एवं उसे प्रकाशित करवाने में उसकी सहायता की अपेक्षा की थी। डार्विन को जैसे साँप सूँघ गया। उसने सोचा कि वालेस के मार्ग में बाधा बनना बहुत ही अन्यायपूर्ण होगा किन्तु उसे अपने

आलस्य एवं दीर्घसूत्रता पर रंज भी बहुत हुआ। उसे लगा कि प्राणियों के विकास के सिद्धान्त पर उसकी स्वयं की जो प्राथमिकता थी, वह क्षण-भर में किसी दूसरे व्यक्ति द्वारा छीन ली जाएगी। उसने अपने मित्रों लायल तथा हुकर की राय इस सम्बन्ध में जाननी चाही। उन दोनों का मानना था कि यह सिद्धान्त डार्विन एवं वालेस के नाम से संयुक्त प्रकाशन के रूप में आना चाहिए।

अतः वालेस एवं डार्विन की सहमति के पश्चात 1 जुलाई, 1858 के यादगार दिन वालेस का लेख एवं डार्विन के अपने कार्यों का एक संक्षिप्त विवरण लीनियम सोसाइटी की एक बैठक में एक साथ प्रस्तुत किया गया एवं बाद में सोसाइटी के जर्नल में संयुक्त लेख के रूप में प्रकाशित किया गया। उस समय तक डार्विन ने अपनी पुस्तक के 10 अनुच्छेद पूरे कर लिये थे। उसने यह पुस्तक 'प्राकृतिक चयन से प्रजातियों का उद्‌गम' पूर्ण करने के बाद 24 नवम्बर, 1959 को प्रकाशित की। इस पुस्तक का स्वागत विश्व के इतिहास में इस प्रकार की महानतम घटनाओं में से एक है। प्रकाशित होने के कुछ ही घंटों में प्रथम संस्करण की सभी 1250 प्रतियाँ हाथोहाथ बिक गईं। छः सप्ताह बाद पुस्तक का द्वितीय संस्करण निकला और कुछ ही दिन में इसकी भी सारी प्रतियाँ समाप्त हो गईं।

डार्विन के सिद्धान्त पर जो कोहराम मचा उसकी कल्पना भी नहीं की जा सकती, सामाजिक जीवन के हर क्षेत्र में यह सिद्धान्त वाद-विवाद का एक विषय बन गया। सामान्य जन ने सिद्धान्त को गलत समझा एवं इस पर अपना रोष प्रकट किया। ब्रिटिश एसोसिएशन की 1860 की ऑक्सफर्ड मीटिंग में बिशप विल्बरफोर्स ने डार्विन के सिद्धान्त का यह कहकर उपहास किया कि डार्विन का यह दावा कि वह एक बन्दर का वंश है, उसके दादा से आया या दादी से। जवाब में उस समय के अग्रणी जीव वैज्ञानिक टी. एच. हक्सले ने बिशप विल्बरफोर्स को आड़े हाथों लेते हुए कहा कि यदि उनके ऊपर निर्णय करने का अधिकार छोड़ दिया जाए तो वे एक बन्दर को अपना पूर्वज बनाना अधिक पसन्द करेंगे बजाय एक बिशप को। हक्सले ने इस विषय पर काफ़ी विस्तार से चर्चा की तथा यह गलतफहमी दूर करने की कोशिश की कि मनुष्य आज के समय के किसी बन्दर का वंशज है जैसा कि डार्विन के कुछ मूर्ख विरोधी, छिद्रान्वेषी आलोचकों का मानना था। हक्सले ने आगे कहा कि डार्विन का अभिप्राय केवल इतना था कि मनुष्य का विकास कपि जैसे प्राइमेट से हुआ है

एवं इसके भी पूर्व एक ऐसे जानवर से जो कि पुराने विश्व के बन्दरों के समुदाय से सम्बन्धित हो सकता है।

बहरहाल, आज इन सारे वाद-विवादों से हटकर यदि हम देखें तो पता चलता है कि प्राकृतिक चयन से विकास का यह एकीकृत सिद्धान्त डार्विन का विज्ञान के क्षेत्र में सबसे बड़ा योगदान है जो कि उसे हमेशा जीवित रखेगा।

अन्त में

सारांश

अन्तरिक्ष में वस्तुकणों के आवर्तों के फलस्वरूप सूर्य, चन्द्रमा और ग्रहों की सृष्टि हुई। पृथ्वी की सृष्टि आज से 460 करोड़ वर्ष पूर्व हुई थी।

पहले 100 करोड़ वर्ष तक पृथ्वी में प्राण का कोई अस्तित्व नहीं था। जीवन की उत्पत्ति समुद्र में हुई थी, शैवाल एवं नीलहरित बैक्टीरिया (चित्र 2) आदिम प्राणी है। इनमें कुछ फीताकृमि लम्बे थे। इनके शरीर से चूना निकलता था। चूने की सहायता से यह स्तर-स्तर में कीचड़ जमाते थे। इसके फलस्वरूप, कवक जैसे उल्टे घड़े की आकृति में एक वस्तु का गठन हुआ। इसका नाम स्ट्रोमेटोलाइट रखा गया।

चित्र-28 : स्ट्रोमेटोलाइट।

बहुत दिनों तक सागर में इन जीवों का विकास होता रहा। इनमें से कुछ प्रकाश संश्लेषण के द्वारा अपना भोजन बनाने में सक्षम थे तथा भोजन निर्माण प्रक्रिया के फलस्वरूप

O_2 की उत्पत्ति हुई और यह पहले समुद्र में तथा धीरे-धीरे यह जल से वायुमंडल में आ पहुँचे।

आवरणयुक्त प्राणियों का उद्‌भव केवल 62 करोड़ वर्ष ऐडियाकारन महायुग में हुआ। उसके पश्चात् उद्‌भिदों में काफी विकास हुआ।

सिल्यूरियन महायुग में वायुमंडल में O_2 आजकल की तरह थी। वायुमंडल के ऊपर O_3 गैसों का स्तर भी तैयार हुआ। यह स्तर पराबैंगनी किरणों को भूमि पर आने नहीं देता था। इसलिए कुछ उद्‌भिद एवं प्राणी भूमि पर आकर बसने में सक्षम हुए। यह घटना आज से 43 करोड़ वर्ष पहले घटित हुई थी।

ऐडियाकारन के बाद कैम्ब्रियन महायुग का आरम्भ हुआ। उस समय पृथ्वी पर तीन महादेश थे–एशिया, उत्तरी अमेरिका एवं गोंडवाना। ये महादेश दक्षिण गोलार्द्ध में थे। भारत, ब्रिटेन सभी दक्षिणी गोलार्द्ध में स्थित थे। उद्‌भिदों में थे नील हरित शैवाल एवं लाल शैवाल, इस समय सागर में अनेक अपृष्ठवंशी प्राणियों का उद्‌भव हुआ। इसमें सीपी (ब्रेकियोपोड), सागर बिच्छू (इकाइनोडर्म) मोलस्क, ग्रेप्टोलाइट एवं ट्राइलोबाइट्स प्रधान थे।

बाद में ऑर्डोवीशियन महायुग में महादेश पहले की तरह ही थे। ब्रिटेन के उष्णकटिबन्धीय (Tropical) से सहारा दक्षिण ध्रुव में पहुँच गए वहाँ हिम युग चल रहा था। इसी समय समुद्री झाग (Corals) का उद्‌भव हुआ। छिछले समुद्र में सीपी जैसे प्राणी थे। ग्रेप्टोलाइट भी अधिक मात्रा में दिखाई दिए। इसके बाद सिल्यूरियन महायुग है। इस महायुग में उत्तरी अमेरिका और यूरोप एकत्र होकर यूरो अमेरिका महादेशों का निर्माण किया। अभी तक प्राणी समुद्र तक ही सीमित थे। इसी समय भूमि में कुछ उद्‌भिदों और कीट-पतंगों का आगमन हुआ। जलाशय के आसपास कुकसोनिया नामक एक पौधा दिखाई दिया (चित्र-28 देखें)।

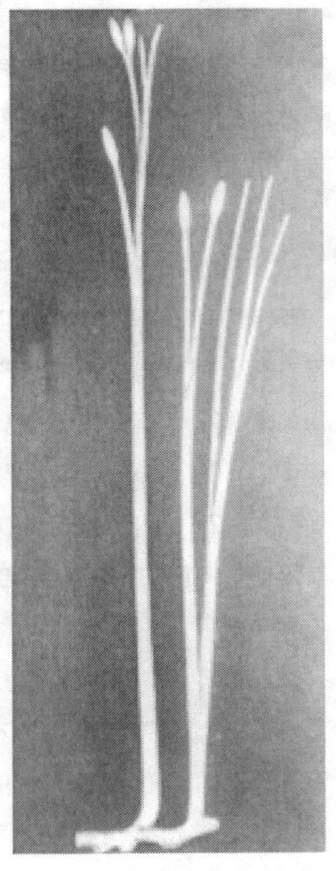

चित्र 28 : राइनिआ।

डिवोनियन महायुग में भी महादेश युरो अमेरिका, एशिया तथा गोंडवाना थे। इसी समय भूमि पर पेड़-पौधों की वृद्धि हुई एवं वनों व जंगलों का निर्माण हुआ। फर्न का उद्भव भी इसी समय हुआ। समुद्र में शैवाल प्रचुर मात्रा में पाए जाते थे। इसी समय ग्रेप्टोलाइट की विलुप्ति हुई। जबड़ा रहित एवं जबड़ायुक्त मछली भी इसी समय मिलना शुरू हुई।

कार्बोनिफेरस महायुग में दक्षिणी गोलार्द्ध के महादेश एक दूसरे के समीप आए। एशिया उत्तर की ओर चला गया। पृथ्वी में ठंडा वातावरण चलता रहा। उत्तरी गोलार्द्ध में घने जंगल होने के कारण कोयले के खदान बने। दक्षिणी गोलार्द्ध में खासकर गोंडवाना महादेश में हिमयुग चलता रहा। भारत में भी इस हिमयुग के काफी चिह्न मिलते हैं।

परमियन महायुग में शीतलता (सर्दी) का प्रकोप कम हो गया। दक्षिणी गोलार्द्ध के महादेश एकत्र होकर पेंजिया नाम के महादेश का गठन हुआ। यूरोप, अमेरिका एवं पश्चिम एशिया एकत्र हो गए। गोंडवाना महादेश हिम मुक्त हो गए एवं उसमें ग्लोसोप्टेरिस के घने जंगल उत्पन्न हुए (चित्र 30-31 देखें)। यही जंगल बाद में कोयले में रूपान्तरित हो गए। भारत की कोयले की खानों में यही गोंडवाना कोयला सबसे अधिक मिलता है।

परमियन के बाद मिसोजोइक कल्प प्रारम्भ हुआ। इसके तीन महायुग ट्रायसिक, जुरासिक एवं क्रिटेशिअस हैं। ट्रायसिक में डायनासोर्स आए। जुरासिक में उड़ने वाले सरीसृप और बहुत सारे पक्षियों का विकास एवं उत्पत्ति हुई। भूमि में डायनासोर्स का बहुत दबदबा रहा। क्रिटेशिअस महायुग में प्रथम फूलयुक्त उद्भिद आए (चित्र 40)।

क्रिटेशिअस के अन्त में विध्वंसात्मक परिवर्तन दिखाई दिए। हजारों उल्का पिंड पृथ्वी पर गिरने लगे। डायनासोर्स एवं और सभी प्राणी व पेड़-पौधे विलुप्त हो गए।

पेंजिया महादेश टूटना शुरू हो गए। अफ्रीका एवं भारत, गोंडवाना महादेश से अलग होकर उत्तर की ओर तैरने लगे।

इसके बाद कायनोजोइक कल्प में ऑस्ट्रेलिया दक्षिणी ध्रुव से अलग होकर उत्तर की ओर चलने लगे। ओलिगोसीन युग में भारत एशिया के संग सम्मिलित हुआ। भारत के उत्तरी दबाव के कारण इसके उत्तर सीमा में हिमालय सृष्टि की सूचना हुई। मायोसीन युग में हिमालय बढ़ना प्रारम्भ हुआ। इस समय विस्तृत भूमि में घास उगी। धीरे-धीरे जंगल (वन) कम होते गए और घासयुक्त पौधों की

वृद्धि हुई। स्तनधारी जीवों का बहुत प्रसार हुआ। बन्दरों का उद्भव इसी युग में हुआ तथा प्लायोसीन युग में आदि मानव जाति की उत्पत्ति हुई। हाथी का जन्म इसी युग में हुआ था।

चित्र-40 : पुष्प का जीवाश्म। हिमाचल प्रदेश में काशैलि शिलस्तरों में।

क्वाटरनरी कल्प में आधुनिक मानव के आदिपुरुष दिखाई दिए। धीरे-धीरे यह पूरे पृथ्वी पर छा गए। दो पैरों पर चलने के कारण इनके हाथ मुक्त हो गए और इन्होंने हाथों द्वारा तरह-तरह के काम करने शुरू कर दिए। इससे मस्तिष्क एवं बुद्धि का विकास हुआ एवं मानव ने पूरे पृथ्वी पर अपना प्रभुत्व स्थापित किया।

समय के साथ-साथ जीव जगत् में उद्भिद एवं प्राणी का क्रम परिवर्तन जारी है।

परिभाषा

अकशेरुकीय	invertebrate
अजैव	inorganic
अधुनातनजीवी	cainozic
अनुभूमिक	horizontal
अपेशावर	amateur
अपृष्ठवंशीय	invertebrate
अल्कतरा पोखर	oil pool
अविकृत	undecomposed
अस्थि	bone
आग्नेय	igneous
आंतरिक साँचा	mould
आदिम	primitive
आधा तरल	semiliquid
आलमतरा	asphalt
आवर्त	whirlpool
उद्भिज	plants
उल्का पिंड	meteorite
एककोशीय	single celled
एकदाग	monolete
कंकाल	skeleton
कवक	fungi
कल्प	era
करोटि	skull
कशेरुकीय	vertebrate
कीचड़-पत्थर	shale
किण्वन	fermentation
केंद्रक	nucleus

केंद्रकयुक्त/सुकेंद्रीय	eukaryotic
क्लोरोफिल (पत्तों में हरे रंग का मुख्य घटक)	chlorophyl
कोशिका	cell
खाजे	folds
गुप्तजीवी	cryptozoic
गुरुत्वबल	gravitational force
गोंद	resin
गॅस्ट्रोलिथ (पेट के आँतें में हजम करने के लिए पत्थर)	gastrolith
घड़ियाल	crocodile
घोंघा	shell
चूना पत्थर	limestone
छाप	impression
जनुकीयविद् अभियंता	genetic engineer
जनुकीय इतिहास	genetic history
जीवशास्त्री	biologist
जीवाणु	bacteria
ज्वार	high tide
ज्वालामुखी	volcano
जैव	organic
तलछट	sediment
तलछटीय शिला	sedimentary rock
ताप	temperature
तालिका	table
तेलिया	oily
तृनभक्षी	herbivorous/grazing
त्रिशूलाकृति	trilete
दीपखोलक	brachiopod
ध्रुव	pole (north/south)
नील-हरित जीवाणु	blue-green bacteria
परागकण	pollen grain/spore
परागकण विद्या	palynology
परागण	polination/fertilization
पराजीवाश्म	neofossil
पराबैंगनी किरण	ultravoilet rays

पराभोजी	hetrotropic
पाषाण युग	plaeolithic
पुरावनस्पति शास्त्र	palaeobotany
पुराप्राणिशास्त्र	palaeozoology
पुरावास्तुशास्त्र	archaeology
पूर्वक्रेंद्रीय	prokaryotic
प्रकृति चयन	natural selection
प्रकाश संश्लेषण	photosynthesis
प्रजनन	reproduction
प्रजाति	species
प्रतिरूप	replica
प्रस्तरीभूत	fossilized
प्रलय	catastrophe
प्रवाल	coral
पृष्ठवंशीय	ivertebrate
प्राकृतिक	natural
प्रागैतिहासिक	prehistoric
पेशीसंयोग	muscular scar
फिताकृती	filamentous
बाहरी प्रतिरूप	cast
वाष्पीकृत	vaporised
ब्रह्मांड	universe
भाटा	low tide
भूतल/भूपृष्ठ	crust
भूविज्ञानी हथौड़ा	geological hammer
भ्रूण विज्ञान.	embryology
महाकाश/अंतरिक्ष	outer space
महाकल्प	eon
महादेश	continent
महायुग	period
महादेशीय परिभ्रमण	continental drift
मानववंशशास्त्र	anthropology
मेरुदंडीय	vertebrate
लावा	Lava-gaseous molten material ejected through volcano

वज्रपात	thunderbolt/lightning
वर्तिकाग्र	stigma
वंशगत	heredity
बालुका	sand
वायुमंडल	gaseous state
वाहिनिका	tracheid
विकिरण/उत्सर्जन	radiation
विघनित	condensed
विवर्तन	evolution
व्यक्तजीवी	phanerozoic
शर्करा	glucose
शब्दनिरोधक	sound proof
शिलासंघ	formation
शिलासंघदल	group
श्वसन	respiration
शैवाल	algae
शंकु	cone
श्रोणिचक्र	pelvic girdle
समकोण	right angle (90^0)
सरीसृप	reptile
स्तर	strata/level
समन्वय	correlation
सूक्ष्मदर्शी	microscope
सीपी	cephalopoda
सींग	horn
सोख लेना	absorb
सौर	solar
सौरजगत	solar system
स्वयंभोजी	autotropic
स्पंज	spongy
हड्डियों की ढाल	bony plates
हिमवाह विज्ञान	glaciology

●●●